UN ŒIL SUR L'HISTOIRE

Les Épidémies des pestes au sida

Auteur :
Georges DELOBBE.

Collaborateurs :
Lucien BUISSON, André DELOBBE, Roger MERCIER, Michel PELLATON, Robert POITRENAUD, Boris SANDLER.

pemf

Sommaire

Avertissement au lecteur

On parle d'*épidémie* lorsqu'un nombre important de cas d'une maladie infectieuse transmissible apparaissent en un temps restreint au sein d'une collectivité humaine.

Lorsqu'une maladie sévit de manière permanente dans une zone géographique limitée et frappe une part importante de sa population, on parle d'*endémie*. Si au contraire la maladie se répand dans un vaste ensemble de régions s'étendant à tout un continent, voire à plusieurs, on parle de *pandémie*.

Le titre de l'ouvrage ne comporte que le mot épidémie, mais le caractère massif des maladies dont il est question justifie que l'on ne marque pas de frontière infranchissable entre épidémies, endémies et pandémies.

Histoire de... LES ÉPIDÉMIES, DES PESTES AU SIDA

Les épidémies, un problème d'actualité 4

Préhistoire et mythes fondateurs 6

PESTES OU PESTE, FLÉAUX DE DIEU

Dans les sociétés antiques et médiévales, les épidémies apparaissent comme des punitions divines. Aux ravages des maladies s'ajoutent la peur et le rejet de l'autre.

« Des » pestes qui n'étaient pas « la » peste 9

Les épidémies vues par les médecins antiques 13

Les premières « vraies » pestes 15

La peste noire 18

La peste, fléau de Dieu 23

La lèpre, une maladie qui exclut 25

ENDÉMIES, ÉPIDÉMIES, PANDÉMIES

Les temps modernes, inaugurés par la « découverte de l'Amérique » en 1492, ont connu un brassage des peuples sans précédent. Guerres européennes et conquête des empires coloniaux, échanges culturels et commerciaux ont « mondialisé » les épidémies.

La syphilis, « mal américain » ? 28

Les Indiens victimes de maladies importées 32

Le typhus, maladie des armées en guerre 34

Encore et toujours la peste 38

La dysenterie épidémique 42

Attaques répétées du choléra 46

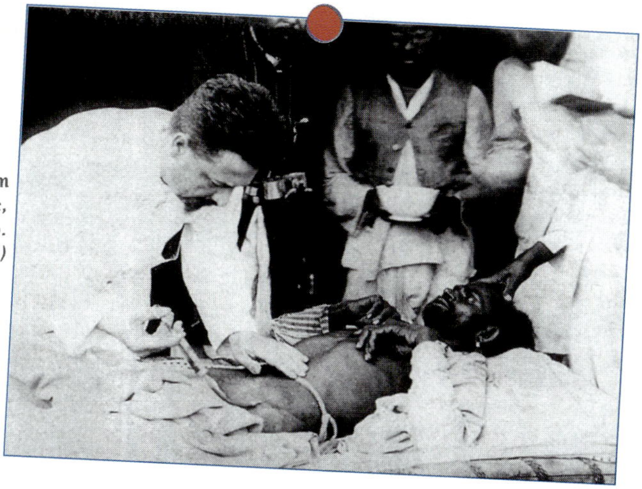

Paul-Louis Simond injectant du sérum antipesteux à un malade en Inde, vers 1897/1900.
(Voir page 40.)

Le paludisme, maladie parasitaire 50
Fièvres en tout genre 53

LES ÉPIDÉMIES VAINCUES ?

Les progrès accomplis en médecine et en biologie aux XIXe et XXe siècles ont permis de lutter efficacement contre les grandes maladies épidémiques. L'apparition du sida et la réémergence de maladies que l'on croyait vaincues ont confirmé les inégalités et ressuscité les vieilles craintes.

De la variolisation à la vaccination 57
Pasteur et autres « découvreurs de microbes » 61
Agents infectieux et moyens de lutte 65
La très longue histoire de la tuberculose 69
La tuberculose, maladie sociale 72
Guérir de la tuberculose 75
L'éternel retour de la grippe 79
Des épidémies dont les victimes sont des enfants 81
Vaccinations obligatoires ou recommandées 85
Le sida, maladie émergente des années 1980 87
Le sida, peste d'aujourd'hui 90
Des maladies comme armes 94
Des épidémies vaincues ? 96

Glossaire 100

Index 102

Les épidémies, un problème d'actualité

Ironie de l'histoire : au moment où était projetée la rédaction de cet ouvrage, les médias annonçaient l'apparition d'une maladie nouvelle, une pneumopathie qualifiée d'« atypique », prenant dès ses débuts un caractère épidémique. La présence de cas mortels déclenchait dès les premiers jours une mobilisation des médecins et de l'Organisation mondiale de la santé.

Ce « syndrome respiratoire aigu sévère » (SRAS) succède à une des plus terribles maladies qu'ait connue l'humanité, le sida, pour lequel les contemporains ont retrouvé les mots du passé, qualifiant ce fléau de « peste du XXe siècle ».

Une forme grave de pneumopathie

La maladie nouvelle, connue au départ sous l'intrigante appellation de « pneumopathie atypique », semble avoir pour origine la Chine, et plus spécialement la province méridionale de Kuang-tung, proche de Hong Kong : les premiers cas y sont recensés en novembre 2002. Elle se répand rapidement en Asie du Sud-Est avant de gagner d'autres régions du monde. Dès la fin du mois de mars 2003, l'Organisation mondiale de la santé (OMS) publie un premier bilan de l'épidémie.

Cette pneumopathie atypique est désormais désignée par le sigle SRAS, « syndrome respiratoire aigu sévère » : la juxtaposition des deux adjectifs en souligne la gravité. Même s'il est trop tôt pour évaluer quelle sera l'ampleur de l'épidémie, cette maladie « émergente » génère, au sein des populations touchées comme auprès de celles qui craignent de l'être, des formes de peur où l'irrationnel le dispute à une crainte justifiée.

Hong Kong, avril 2003. Par crainte de voir s'étendre l'épidémie de SRAS, des écoles ont été fermées, des quarantaines strictes décrétées. Dans la rue et les lieux publics, la plupart des gens se munissent de masques.

Interroger le passé

La crainte des épidémies est ancestrale. L'usage extensif du vocable « peste » qui, dès l'Antiquité, désigne des maux mal identifiés mais tous réputés redoutables, révèle un fonds commun de calamités vécues longtemps comme des punitions divines.

Les épidémies ont contribué à freiner le développement de la population mondiale jusqu'au XIXe siècle, maintenant, partout où elles ont sévi, un taux élevé de mortalité, notamment infantile. Elles ont accompagné ces autres calamités que sont les famines, en en conjuguant les effets avec les leurs. Aujourd'hui comme hier, la malnutrition chronique d'une partie importante de la population mondiale, vivant dans des conditions précaires, rend la lutte contre les épidémies difficile sinon vaine.

Notre étude se limite à l'approche historique des épidémies humaines, ou du moins de celles qui ont laissé le plus de traces dans la mémoire collective. La recrudescence de maladies anciennes que l'on croyait vaincues et l'apparition de nouveaux fléaux à la fin du XXe siècle et au cours des premières années du XXIe confèrent à ce livre une brûlante actualité.

PRÉHISTOIRE ET MYTHES FONDATEURS

Il est tentant d'affirmer que les épidémies sont aussi anciennes que l'humanité mais il est scientifiquement imprudent de le soutenir. À partir de quel seuil quantitatif les groupes humains préhistoriques ont-ils pu constituer des foyers de développement de maladies transmissibles ? Pour trouver trace à coup sûr d'épidémies, il faut attendre les premiers récits légendaires puis les témoignages qui relatent de manière détaillée, sinon exacte, les ravages causés par des maladies évidemment épidémiques sévissant au sein de populations désormais plus nombreuses.

Une préhistoire des épidémies ?

L'examen de squelettes remontant à la préhistoire ancienne (paléolithique) fait parfois apparaître des lésions osseuses, traces laissées par des maladies dont ont été atteints - et éventuellement victimes - les individus inhumés. En l'absence de sépultures collectives, il est hasardeux, même s'il s'agit de maladies que l'on sait aujourd'hui transmissibles, d'en conclure qu'elles ont eu un caractère épidémique.

À partir de la « révolution néolithique », l'homme pratique l'élevage et l'agriculture. Désormais, il cohabite avec les animaux qu'il domestique. Il en consomme le lait et la viande dans des conditions d'hygiène évidemment médiocres. Pratiquant le libre parcours des troupeaux dans les champs après récolte, puis l'épandage des litières souillées, il en utilise les déjections pour enrichir la terre. On peut supposer que des maladies transmissibles de certaines espèces animales à l'homme prennent un caractère épidémique au sein des groupes nomades et des premières communautés villageoises. Il en est vraisemblablement ainsi pour la brucellose (ou fièvre de Malte) dont l'agent infectieux peut être transmis à l'éleveur par les ovi-caprins (moutons et chèvres).

Sépulture de la nécropole de Hières-sur-Amby (Isère). Haut Moyen Âge.
L'examen des ossements et leur étude en laboratoire permettent parfois d'observer des lésions et de déterminer quelle en a été la cause, blessure ou maladie.

De l'Ancien Testament...

Dans le récit biblique de la « Haggada » de Pâques, l'Exode, il est question *« des dix plaies dont le Saint, béni soit-il, frappa les Égyptiens en Égypte* [...] *la cinquième plaie étant Épidémies ».*

Selon le second livre de Samuel, les Philistins, vainqueurs des Hébreux, rapportèrent à Asdod, en 1141 av. J.-C., l'Arche d'alliance d'Israël. Ils la placèrent dans le temple de leur dieu Dagon : la statue du dieu fut détruite et la population décimée. *« La main de l'Éternel s'appesantit sur les Asdodiens et il mit la désolation parmi eux ; il les affligea de tumeurs dans les parties les plus secrètes du corps. »* Voulant se débarrasser de l'Arche, les habitants d'Asdod la firent transporter à Gath. « *Mais après qu'elle eut été transportée, la main de l'Éternel fut sur la ville, et il y eut une très grande consternation ; il frappa les gens de la ville depuis le petit jusqu'au grand, et ils eurent une éruption de tumeurs.* » De ville en ville, l'Arche resta sept mois dans le pays des Philistins, provoquant partout les mêmes calamités. Leurs malheurs prirent fin lorsqu'ils rapportèrent l'Arche aux Hébreux, accompagnée de *« cinq tumeurs et cinq souris d'or* [...] *en offrande pour leur péché ».*

La Peste d'Asdod.
Tableau de Nicolas Poussin, 1630.
[Musée du Louvre, Paris]

… aux mythes grecs

Dans le Chant I de l'*Iliade* (- VIIIe siècle), Homère évoque la « pestilence » qui décime les troupes assiégeant Troie. Agamemnon, roi de Mycènes, a outragé Chrysès, prêtre d'Apollon : le dieu venge son serviteur en frappant l'armée grecque *« d'un mal pernicieux »*. Armé de son arc d'argent, il *« s'attaquait d'abord aux mulets et aux chiens rapides. Puis ce furent les hommes même que le trait aigu vint frapper. Et, sans cesse, les bûchers des morts brûlaient, nombreux »*.

Sophocle, poète tragique (496-406 av. J.-C.). Copie romaine d'une sculpture grecque.

Au Ve siècle av. J.-C., le poète tragique Sophocle, dans *Œdipe roi*, parle du mal qui ravageait Thèbes au temps du héros : *« La mort la frappe dans ses troupeaux de bœufs, dans ses femmes qui n'enfantent plus la vie. Une déesse porte-torche, déesse affreuse entre toutes, la Peste, s'est abattue sur nous, fouaillant notre ville* [...] *cependant que le noir Enfer va s'enrichissant de nos plaintes, de nos sanglots. »* Il s'agit bien d'une épidémie : « [...] *des morts sans nombre* [qui] *portent la mort à leur tour. »* Sans doute Sophocle s'inspire-t-il de la « peste d'Athènes » dont il a été témoin pour évoquer une de ces « plaies » mythiques qui, dans les récits légendaires, apparaissent comme la conséquence inéluctable d'une faute.

« DES » PESTES QUI N'ÉTAIENT PAS « LA » PESTE

Le mot français « peste » vient du latin *pestis* qui, au-delà de la maladie aujourd'hui décrite avec précision, désigne un fléau, une calamité, source de malheur et de ruines. Les premiers textes antiques relatant des épidémies, malgré l'effort de précision dont ont fait preuve leurs auteurs, ne permettent pas, en général, d'identifier avec certitude la maladie dont ils retracent les ravages.

La « peste d'Athènes »

Le Grec Thucydide, qui a vécu à Athènes au Ve siècle av. J.-C., est considéré comme un des premiers historiens de l'humanité. Dans son *Histoire de la guerre entre les Péloponnésiens et les Athéniens*, il décrit avec précision la pestilence qui affaiblit la cité d'Athènes dans sa lutte contre Sparte. En mars - 430, les troupes de la ligue du Péloponnèse, sous la direction du roi spartiate Archidamos, envahissent l'Attique pour la deuxième fois. « *Quelques jours seulement après leur arrivée, la peste fit sa première apparition parmi les Athéniens.* [...] *Les médecins, soignant pour la première fois une maladie qu'ils ne connaissaient pas, étaient impuissants. C'est même parmi eux que la mortalité fut la plus élevée, car ils avaient avec les malades des contacts plus fréquents. Tous les moyens d'action humains restaient inefficaces. Quant aux prières qu'on faisait dans les temples, aux consultations d'oracles et autres moyens de ce genre, tout cela n'était d'aucun secours et, comme le mal se montrait le plus fort, on cessa finalement d'y avoir recours.* »

Le début d'une longue histoire

Cette « peste d'Athènes » marque le début de notre histoire des épidémies. Elle est d'autant plus meurtrière que de nombreux réfugiés se sont mis à l'abri dans la ville. Diodore de Sicile estime la mortalité à 400 cavaliers, 4 000 hoplites (sur 29 000) et 400 000 habitants, y compris les

Périclès, homme politique athénien. Mort en 429 av. J.-C., Périclès a été une des nombreuses victimes de l'épidémie dite « peste d'Athènes ». Copie romaine d'une sculpture grecque.

réfugiés. Le chef de la cité, Périclès, est lui-même parmi les victimes. Quant aux assiégeants, épouvantés tant par les récits des prisonniers que par les lueurs des bûchers funéraires, ils préfèrent lever le siège.

Thucydide décrit avec précision les symptômes de la maladie. « [Les malades] *commençaient par ressentir brusquement à la tête une chaleur brûlante, accompagnée de rougeur et d'inflammation des yeux.* » Suit une longue description des effets internes du mal. L'historien ne se contente pas de parler de la maladie proprement dite, il en décrit les conséquences morales et sociales et déplore le désordre qui en découle : *« On n'était plus retenu par la crainte des dieux ni par les lois humaines. »*

L'identification de la maladie qui a frappé l'Attique en ce troisième tiers du Ve siècle av. J.-C. a donné lieu à bien des tentatives d'explication et des débats. Parmi les affections envisagées figurent non seulement la peste mais aussi l'ergot du seigle, le typhus, la variole, la scarlatine, la fièvre jaune ou la rougeole. À ce jour, aucune certitude ne s'est imposée et la peste semble être l'hypothèse la moins vraisemblable.

La « peste de Syracuse »

396 av. J.-C. : l'armée carthaginoise assiège Syracuse, sur la côte sud-est de la Sicile. C'est alors que se manifeste une épidémie mortelle décrite par Diodore de Sicile : catarrhe, fièvre, pustules sur tout le corps et dysenterie entraînent la mort dans d'atroces souffrances au bout de cinq ou six jours. L'armée entière est touchée et l'air est rendu irrespirable par la décomposition des cadavres amoncelés.

Rien ne peut enrayer la maladie, considérée comme un fléau envoyé par les dieux dont les temples ont été détruits. Les Carthaginois sont contraints de lever le siège et renoncent à la conquête de Syracuse.

Plus de cent cinquante ans plus tard, à l'occasion de la deuxième guerre Punique (218-201 av. J.-C.), armées romaines et carthaginoises sont atteintes par le même fléau meurtrier. Hasard ? Cause identique ? Il est impossible de se prononcer. Une seule certitude pour les historiens modernes : pas plus qu'à Athènes il ne s'agit de la peste. De mauvaises conditions sanitaires pourraient avoir provoqué une des maladies qui, bien des fois au cours de l'histoire, ont décimé les armées en campagne : le typhus ou la dysenterie. À moins qu'il ne s'agisse du paludisme, le sol de la région étant marécageux.

Stèle sur la tombe d'un enfant. Carthage, IIIe-IIe siècle av. J.-C.

La « peste antonine » et autres épidémies « romaines »

Après la prise de Séleucie (Syrie) en 165 ap. J.-C., l'empereur Marc Aurèle rentre à Rome. À la faveur du rassemblement d'une foule énorme assistant à son triomphe, une épidémie se déclenche : connue sous le nom de « peste antonine », elle ravage pendant quinze ans l'Italie et la Gaule.
En 167, la mortalité à Rome atteint certains jours 3 000 personnes. On soupçonne la colère d'Apollon dont le temple a été pillé pendant la campagne de Syrie. Les rassemblements à l'occasion des prières collectives et des processions ne font qu'aggraver les effets de la maladie.

En 180, Marc Aurèle part en guerre contre les tribus germaniques et tente de pousser les frontières de l'Empire jusqu'aux Carpates. Mais il meurt lors d'une reprise très violente de l'épidémie. Celle-ci ne prend fin que sept ans plus tard après une dernière flambée à Rome même.

Marc Aurèle, empereur romain de 162 à 180, victime de l'épidémie dite « peste antonine ». Buste en or, IIe siècle.

Parmi les fléaux qui déstabilisent l'Empire entre le IIIe et le Ve siècle, il faut compter plusieurs épidémies. De 252 à 254, des milliers de personnes sont atteintes, à Rome et dans les provinces d'Italie du Sud et de Grèce. Saint Cyprien, évêque de Carthage, donne une description assez complète de la maladie et précise les séquelles qu'elle laisse chez les survivants : *« Les uns restaient privés de la vue, d'autres avaient perdu l'ouïe. »*

En 302, Eusèbe parle d'une épidémie d'« anthrax » qui décime à nouveau l'Empire romain. En 312 survient une épidémie supposée de variole. En 444, au nord-ouest de l'Empire, l'Angleterre est ravagée elle aussi par une maladie contagieuse.

Bien que l'on soit sûr aujourd'hui que les épidémies célèbres dont il vient d'être question n'étaient pas « la » peste, il est probable que celle-ci ait sévi pendant l'Antiquité. La peste bubonique a en effet été décrite avec précision par plusieurs auteurs du début de notre ère qui ont parlé de *pestis glandularia*, et même de *bubonia pestis.* Mais nous ne savons rien de la localisation et de l'ampleur de ces éventuelles épidémies.

LES ÉPIDÉMIES VUES PAR LES MÉDECINS ANTIQUES

Les médecins grecs et romains antiques - notamment le plus célèbre d'entre eux, Hippocrate - ont laissé des descriptions souvent précises des maladies qu'ils ont eu l'occasion d'observer. Ils ont cherché à les classer et à trouver les moyens de les combattre.

Épidémies et endémies

Dans son traité de la *Nature de l'homme*, Hippocrate (460-377 av. J-C.) distingue maladies générales et maladies individuelles. Le premier type de maladie *« attaque tout le monde tour à tour, jeunes et vieux, femmes et hommes, et, sans distinction, ceux qui boivent du vin et ceux qui boivent de l'eau, ceux qui mangent du pain d'orge et ceux qui se nourrissent de pain de blé, ceux qui font beaucoup d'exercices et ceux qui en font peu »*. Ce texte constitue une première définition des maladies épidémiques.

Les médecins antiques n'envisagent pas la contagion. Pour eux, la maladie est due chez chacun des malades à l'influence qu'exercent sur lui les mêmes facteurs environnementaux : miasmes contenus dans l'air respiré, orientation des lieux de vie par rapport au vent, nature du sol et des eaux...

Parmi les maladies générales, Hippocrate distingue les maladies communes aux habitants d'une cité soumis aux mêmes facteurs locaux de celles qui surviennent n'importe quand et n'importe où et qui résultent de facteurs dépassant le cadre de la cité, la saison par exemple. Cependant, dans les deux cas, il n'utilise que le mot « épidémie », titre qu'il donne à une série de sept livres de la *Collection*. C'est Galien qui, commentant

Hippocrate fait brûler les affaires des pestiférés. Gravure du XVIe siècle. Cette image laisse supposer qu'Hippocrate considérait la peste comme une maladie contagieuse.

cet ouvrage, différencie les deux sortes de maladies générales en « maladies épidémiques » et « maladies endémiques ».

Description des symptômes et soins

Certaines maladies infectieuses sont bien connues des médecins antiques. C'est le cas par exemple de la diphtérie dont Hippocrate a décrit les signes cliniques et notamment les symptômes qui annoncent la suffocation du malade par obstruction du larynx. Praxagoras, médecin grec de la seconde moitié du IVe siècle, prône pour soulager le malade une technique de type chirurgical : l'excision de la luette afin de faciliter le respiration.

Dans le troisième livre du traité *De morbis*, Hippocrate décrit de façon rigoureuse la très redoutable méningite cérébrospinale épidémique. Les symptômes en sont également observés par Galien, au IIe siècle de notre ère, avant d'être évoqués dans son *Encyclopédie médicale* par le grand médecin de la civilisation arabe, Rhazes (v. 865-v. 925).

La dysenterie est citée dans un papyrus médical égyptien datant de 1553 av. J.-C., mais il appartient à Hippocrate de la distinguer des simples diarrhées. Arétée de Cappadoce (81-138) la décrit et tente, à partir d'observations de la nature physique des matières fécales et des lésions anatomiques visibles lors de la dissection d'un cadavre, de classer les différents types de cette maladie.

Boîte de médecin. Sculpture romaine, IVe siècle.

L'*Asclépieion* de l'île grecque de Cos, lieu de naissance d'Hippocrate. Ce sanctuaire était consacré à Asclépios, dieu guérisseur. Hippocrate était sans doute fils d'un prêtre d'Asclépios.

LES PREMIÈRES « VRAIES » PESTES

Les historiens de la médecine pensent que la peste, au sens propre du mot, existe depuis des temps immémoriaux. Elle aurait son origine sur le plateau central de l'Asie, peut-être en Himalaya. De là, elle se serait diffusée dans trois directions : vers l'est, atteignant la Chine et la Mongolie ; vers le sud, inondant le sous-continent indien ; vers l'ouest, parcourant le Turkménistan, le Kazakhstan et l'Ouzbékistan pour aboutir au Moyen-Orient et en Europe.

La « peste de Justinien »

La première peste identifiée avec certitude est connue sous le nom de « peste de Justinien ». Celui-ci, devenu empereur romain d'Orient en 527, se lance dans une longue expédition militaire afin de reconquérir les régions méditerranéennes de l'ancien Empire d'Occident. En 541 éclate une violente épidémie de peste qui décime ses troupes.

Il est probable que celle-ci soit venue d'Éthiopie et se soit propagée en Égypte à la faveur de la crue annuelle du Nil. Une autre hypothèse envisage une origine centre-africaine et une diffusion par les caravanes assurant vers la Méditerranée le trafic de l'or et des esclaves. L'épidémie gagne la Syrie et l'Asie Mineure, atteignant Byzance en 542, tuant une part importante de sa population. Elle s'étend ensuite en Europe danubienne et occidentale. Onze répliques se succèdent entre 558 et 767. Ces douze épisodes constituent la première pandémie de peste.

Justinien Ier, empereur d'Orient de 527 à 565.
L'épidémie de peste qui porte son nom commence en 541.
Détail d'une mosaïque de l'église San Vitale de Ravenne, Italie, VIe siècle.

Une catastrophe de grande ampleur

Nombreux sont les chroniqueurs, témoins ou non du fléau, qui en ont conservé la mémoire. L'évêque Grégoire de Tours en parle plusieurs fois dans son *Histoire des Francs.* Il en signale la présence à Arles en 549, à Clermont en 567 : « *Un certain dimanche, on compta trois cents cadavres dans la cathédrale* », écrit-il.

Certains de ces témoignages permettent d'identifier sans conteste les deux formes prises par cette peste : bubonique et pulmonaire. Grégoire de Tours décrit ainsi les « bubons », résultats de l'inflammation des ganglions lymphatiques : « *Il naissait, à l'aine ou sous l'aisselle, une plaie en forme de serpent dont l'action était telle sur les hommes qu'ils rendaient l'âme le deuxième ou troisième jour de la maladie.* »

La forme pulmonaire est très fortement contagieuse. Celui qui en est atteint succombe en quelques heures, non sans avoir contaminé ses proches par sa toux et ses éternuements.

Les témoignages parvenus jusqu'à nous ne permettent pas d'avancer un bilan chiffré de cette première épidémie de peste. Procope écrit : « *Vers 542 éclata une épidémie qui consuma presque tout le genre humain* » ; il précise qu'à Constantinople le nombre quotidien de morts « *s'accrut chaque jour jusqu'à 5 000 pour s'élever enfin à 10 000 et même davantage* ». Le chroniqueur allemand Warnefried évoque, au-delà de l'effet dévastateur immédiat, la déstructuration du tissu économique et social : « *L'épidémie dépeupla les villes, changea la campagne en désert et fit que les habitations des hommes devinrent le repaire des bêtes sauvages.* »

Grégoire de Tours (v.538-v.594), évêque de Tours à partir de 573 et auteur d'une *Histoire des Francs*, chronique du haut Moyen Âge mérovingien.
Gravure sur cuivre de François-Jacques Dequevauviller (1783-ap. 1848) d'après Louis Boulanger.

La « peste d'Emmaüs »

Dès 638, une terrible épidémie ravage la Syrie et la Palestine au moment même où le calife Omar en entreprend la conquête. Désignée par les auteurs arabes de « peste d'Emmaüs », elle emporte plus de 25 000 soldats et brise l'offensive contre les Byzantins. Conformément au précepte de Mahomet interdisant de pénétrer dans un territoire où règne une épidémie, les chefs militaires décident de retirer leurs troupes de Syrie. Cette décision d'« évitement » servira de référence : ce sera désormais l'attitude des musulmans devant la peste.

La peste d'Emmaüs continue de sévir périodiquement au Proche-Orient. En 763, une réplique atteint Bagdad, la nouvelle capitale fondée deux ans auparavant par les Abbassides. Elle disparaît peu après et ce « miracle » apparaît comme une faveur divine à l'égard de la nouvelle dynastie.

La *Malwiya*, minaret de brique dominant les ruines de Samarra, en Irak, au nord de Bagdad. Art abbasside, IXe siècle.

LA PESTE NOIRE

Au cours des XIIIe et XIVe siècles survient la deuxième pandémie de peste. Elle a vraisemblablement pris naissance en Asie centrale dans un territoire entourant le lac Balkhach, au cœur des vastes domaines mongols. C'est là qu'en 1338 éclate une épidémie qui gagne bientôt les contrées développées et urbanisées du sud. À partir de Balassagun, ville en relation avec le grand commerce international, elle ravage les régions les plus prospères du monde musulman et de la Chrétienté.

Premier exemple de guerre biologique ?

Durant les XIIIe et XIVe siècles, Génois et Vénitiens dominent le commerce en Méditerranée. Les Génois ont établi un comptoir à Caffa, sur les rivages nord de la mer Noire : ce port est situé au débouché des routes des caravanes qui apportent la soie de Chine et les épices des Indes.

En 1344, des marchands italiens, qui veulent échapper aux Mongols, se réfugient dans la ville. Ces derniers assiègent la ville mais sont atteints par l'épidémie. Le chroniqueur Gabriel de Mussi raconte qu'en 1346 ou 1347, contraint de lever le siège, le chef de l'armée mongole fait catapulter par-dessus les remparts des centaines de cadavres de pestiférés *« afin que les chrétiens fussent anéantis par leur puanteur »*.

Cette « attaque biologique » n'est évidemment pas incontestablement prouvée. Il est tout à fait possible que les assiégés aient été contaminés par d'autres moyens. Toujours est-il qu'ils sont désormais porteurs des germes de peste.

Dès que le siège a été levé, les marchands génois chargent leurs bateaux de denrées précieuses et regagnent l'Italie. Après plusieurs escales en Méditerranée, leurs douze galères se présentent à l'entrée du port de Messine : beaucoup sont morts en route et les survivants apparaissent en mauvaise santé. Les habitants de Messine les ravitaillent et les obligent à reprendre la mer. Cette précaution est inutile : quelques heures plus tard, les premiers pestiférés sont signalés dans la ville et l'épidémie gagne en quelques jours toute la Sicile.

La Chrétienté ravagée…

De Sicile, l'épidémie remonte la péninsule italienne : Naples, Rome, Sienne, Florence… Parvenue en Italie du Nord, elle se répand dans deux directions : l'une vers l'ouest où elle atteint le sud de la France et l'Espagne ; l'autre vers le nord où elle gagne l'Autriche, la Suisse et le sud de l'Allemagne.

La maladie sévit à Marseille dès le mois de décembre 1347 et se répand dans tout le royaume de France ; elle arrive à Paris en juin 1348. L'année suivante, elle ravage l'ensemble de l'Europe.

Cette « peste noire » de 1348 est celle qui a le plus fortement marqué la mémoire collective. Par la suite, la maladie réapparaît plusieurs fois, avec plus ou moins de virulence et d'étendue : on compte onze attaques entre 1348 et 1456. Les historiens modernes évaluent que la population de l'Europe passe, en un peu plus d'un siècle, de 73 millions d'habitants à 45. L'Italie, le Saint Empire romain germanique et la Grande-Bretagne sont les pays les plus contaminés. Dans les régions côtières des Pays-Bas, la mortalité est plus faible. L'Europe du Nord échappe en grande partie à l'épidémie, probablement pour des raisons climatiques.

La peste à Tournai (Belgique). Milieu du XIVe siècle. Transport des cercueils, inhumations en grand nombre témoignent de l'ampleur du fléau.

L'Islam dévasté

La peste est tout aussi redoutable en pays d'islam. L'année 1348 est la plus meurtrière : d'Alexandrie, la maladie se répand dans toutes les directions. Vers l'est, elle longe la côte jusqu'en Cyrénaïque et atteint Barqa. Vers le sud, elle envahit le delta du Nil, ravage Le Caire et remonte le fleuve jusqu'en Haute-Égypte où elle arrive en février 1349. Vers le nord, elle est particulièrement meurtrière en Palestine et atteint Damas début juin 1348. D'Alep et d'Antioche, elle se propage à l'intérieur des terres : elle gagne le plateau d'Anatolie, ravage Mossoul et Bagdad en 1349 et s'enfonce jusqu'à Bassora. Une partie de l'Inde est touchée, probablement par mer. D'Égypte, l'épidémie est propagée par les foules de pèlerins qui marchent vers les Lieux saints : en Arabie, Djeddah et La Mecque sont dévastées en 1348 et 1349. En 1351, le roi Mujahid, qui était en captivité en Égypte, regagne son pays, le Yémen : lui et sa suite y ramènent le fléau.

L'Afrique du Nord et les côtes méditerranéennes de la péninsule Ibérique sont contaminées par des navigateurs en provenance de Sicile. La peste débarque à Tunis en janvier 1348 et, de là, ravage la totalité de l'Afrique du Nord. Elle est dans le sud de l'Espagne en juin de la même année.

L'épidémie représente pour les pays musulmans un choc tout aussi considérable que pour l'Europe chrétienne. Elle met fin à une période de prospérité et entraîne une crise générale qui durera plusieurs siècles.

Une grande épidémie au Proche-Orient vue par des Européens, XVe siècle.

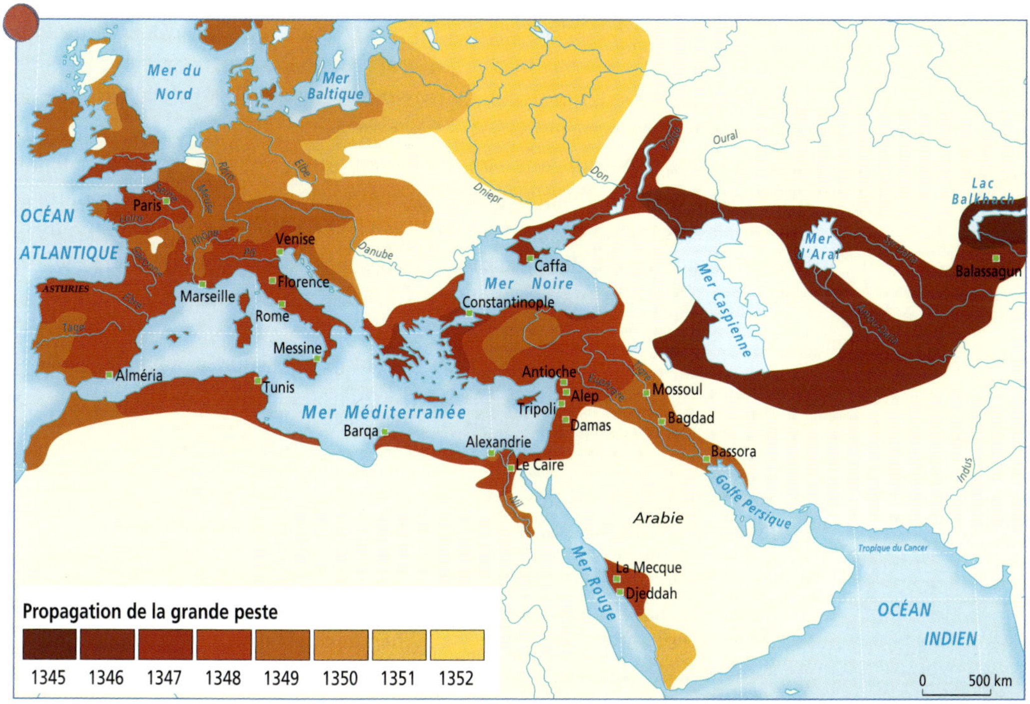

Peste bubonique, peste pulmonaire

L'étude des témoignages de l'époque à la lumière des connaissances médicales actuelles permet de déterminer les formes prises par la maladie et les conditions de la contagion. Dans la forme bubonique, le bacille pénètre par la peau, le plus souvent par une piqûre de puce : à cet endroit se forme une plaque noire, d'où le nom de « peste noire » donné à l'épidémie. Par la suite, les ganglions infectés enflent, formant des bosses appelées *bubons.* Dans la plupart des cas, la mort survient en vingt-quatre ou trente-six heures. Sous sa forme pulmonaire, la maladie est transmise par les postillons, gouttelettes de salive que l'on envoie lorsqu'on parle ou que l'on tousse. Cette seconde forme de la maladie est foudroyante.

La peste s'est propagée à une vitesse fulgurante au sein des sociétés médiévales. Sa progression est particulièrement rapide à la belle saison, le long des grandes voies de circulation lorsque les déplacements des hommes sont intenses. La maladie est plus virulente dans les villes que dans les campagnes du fait de l'entassement de la population et de l'absence d'hygiène. Les gens ignorent les conditions de sa propagation et cohabitent sans crainte avec les rats porteurs de puces, parasites de l'homme et des animaux que l'on sait aujourd'hui vecteurs de la maladie.

Certaines causes biologiques sont entrevues : on comprend que la maladie se transmet par contact et par voisinage ; on incrimine les animaux domestiques, mais pas les rats ni les puces. Des médecins arabes décrivent les symptômes de la peste et les modalités de sa propagation avec précision. Ainsi Ibn Hatimah qui constate que, parmi les habitants du souk d'Alméria, où l'on revend les vêtements et la literie des malades, *« rares sont ceux qui ont échappé à la maladie »*. On envisage aussi des raisons cosmiques : conjonction de planètes, éclipses - une comète a été vue à Paris en août 1348.

Médicaments et procédés magiques

Les médecins arabes sont considérés aujourd'hui comme les héritiers des savoirs grecs. Quelles actions ont-ils tentées pour enrayer la peste ? Suivant le traité *Canon de la médecine* du plus célèbre d'entre eux, Avicenne (980-1037), ils pratiquent systématiquement la saignée, traitement épuisant dont on sait aujourd'hui les méfaits. Outre une grande diversité de poudres, élixirs et tisanes, ils prescrivent de l'argile sous deux formes : soit diluée dans de l'eau et bue, soit appliquée sur les bubons. Les qualités anti-inflammatoires de l'argile sont aujourd'hui reconnues.

Comme l'ont préconisé les auteurs antiques, il est recommandé de renouveler l'air du logement en ouvrant les fenêtres du côté du nord, de l'assainir en diffusant des parfums et d'asperger les sols et les personnes elles-mêmes avec divers mélanges aromatiques. Il est conseillé de boire chaque matin une mixture d'eau de rose et d'extrait d'aloès et de terminer ses repas par un oignon cru ou une gousse d'ail.

Ces pratiques sont accompagnées de procédés magiques comme le recours aux talismans et amulettes, notamment des pierres précieuses gravées de figures cabalistiques empruntées à l'astrologie. De petits papiers sur lesquels ont été écrits des versets du Coran sont mis dans un sachet de cuir et portés au cou.

En haut, saignée ;
en bas, incision d'un bubon sous l'aisselle : le malade est atteint de peste bubonique.
Les chirurgiens arabes pratiquaient, la plupart du temps, l'incision au fer rouge.
Traité de chirurgie de Charaf-ed-Din, 1495.

LA PESTE, FLÉAU DE DIEU

« Les effets de la peste au sein des populations frappées nous sont connus par les écrits des chroniqueurs chrétiens et musulmans qui en ont été les témoins, voire les victimes. Ils ne se contentent pas d'en décrire les symptômes mais traduisent la peur qu'elle inspire à des gens pour qui croyances et pratiques religieuses sous-tendent tous les actes et inspirent toutes les pensées. »

Procession pour demander la fin de la peste. Un des participants s'effondre, brutalement frappé par le mal. *Très riches heures du duc de Berry*, début du XVe siècle.

Colère de Dieu...

Les populations chrétiennes de l'époque interprètent la peste comme un signe de la colère de Dieu. Pour tenter de l'apaiser, on organise des processions, des prières collectives et des pèlerinages. Les processions de flagellants sont une des formes les plus ardentes des rites de pénitence, bien décrits par Froissart : *« En l'an de grâce de Notre Seigneur 1349 allèrent les pénitents* [...]. *Ce furent des gens qui faisaient pénitences publiques et se battaient de verges à aiguillons de fer. Ils se déchiraient le dos et les épaules en chantant des chansons bien pitoyables sur la Nativité et la Passion* [...]. *Ils faisaient leur pénitence trente-trois jours et demi, autant que Jésus-Christ passa d'années sur terre. »* Hélas, les rassemblements et déplacements humains favorisent la contagion.

Des individus essaient d'échapper à la maladie en fuyant : beaucoup quittent les villes et cherchent refuge à la campagne. On pense que la maladie vient d'une infection de l'air, un des quatre éléments du cosmos. On accuse les juifs, les lépreux, les mendiants d'avoir empoisonné puits et rivières, d'avoir corrompu l'air. Dans certaines régions, on se déchaîne contre eux : beaucoup sont massacrés ou condamnés à être brûlés vifs.

... punition d'Allah

Comme les chrétiens, les musulmans voient dans la peste un effet de la colère divine : un croyant ne peut tomber malade que du fait de la volonté d'Allah. À Alep, un homme pieux aurait d'ailleurs vu en songe le Prophète qui lui aurait communiqué le texte d'une prière. Copié en un grand nombre d'exemplaires, celui-ci est expédié à Hama, à Tripoli, à Damas et *« ordre est donné de s'assembler dans les mosquées pour réciter des prières en commun »*. Les savants qui étudient le Coran affirment que *« la peste a valeur de martyre pour les musulmans et miséricorde est accordée à ceux qui en meurent. Pour les infidèles, elle n'est que calamité. »* Prières, jeûnes et processions sont les seules mesures prises par les autorités.

S'il faut éviter d'entrer dans une région où sévit la peste, la fuite est au contraire déconseillée pour celui qui s'y trouve : le croyant ne doit pas chercher à échapper à son destin qui est entre les mains d'Allah. En fait, nombreux sont ceux qui quittent les zones contaminées... ce qui ne suffit pas nécessairement à assurer leur survie. Ainsi, *« de peur d'être victimes de cette calamité, les Kurdes se lancèrent dans l'émigration, mais rencontrant partout des cadavres, ils revinrent à leur point de départ et succombèrent tous »*.

LA LÈPRE, UNE MALADIE QUI EXCLUT

« Deux mille ans avant notre ère, la lèpre est signalée en Chine où elle est déjà considérée comme une punition des péchés de l'homme. Présente en Gaule au IVe siècle, les cas deviennent de plus en plus fréquents du VIIIe siècle à la fin du XIe. L'extension des villes pendant les deux siècles suivants accentue le phénomène. »

Corruption du corps et de l'âme

Déjà au Ier siècle de notre ère, du fait de la tuméfaction du visage et des jambes, du gonflement des doigts et des orteils, Celse décrit la lèpre sous le nom d'*éléphantiasis.* Il signale notamment la peau *« rugueuse et hérissée d'écailles ».* Vers 1305, Bernard de Gordon, professeur de médecine à l'université de Montpellier, donne de la maladie une description précise dont voici un court extrait : « *La lèpre est une affection de tout le corps. Elle provoque des pustules et des excroissances, la résorption des muscles* [...], *l'insensibilité des extrémités, des crevasses et affections cutanées.* » Ces symptômes s'aggravent au cours des derniers stades de la maladie et aboutissent à des mutilations des membres et à une perte totale de sensibilité. Les médecins du Moyen Âge la savent contagieuse et la croient héréditaire.

Le caractère hideux des lésions apparaît comme la marque du péché. La lèpre est considérée au Moyen Âge comme la maladie par excellence : au XIIe siècle, le mot *infirmus* prend parfois le sens de lépreux.

Le lépreux et le mendiant. Manuscrit du XIVe siècle. Tous deux viennent mendier à la porte de la ville ; le lépreux fait tourner sa crécelle pour avertir les habitants de son passage.

Les léproseries

Les premiers asiles ou refuges accueillant des lépreux ont été créés au IVᵉ siècle dans les environs de Rome par l'empereur Constantin Iᵉʳ le Grand. Au VIIᵉ siècle, des léproseries sont fondées à Verdun, à Metz, à Maastricht. Bientôt, la moindre agglomération va avoir la sienne. Des lieux-dits comme « La Maladière » rappellent leur existence.

Les premières léproseries ne sont pas des établissements de soins mais des lieux d'exclusion et de ségrégation : elles sont composées de cabanes isolées au sein d'un espace réservé limité par une palissade. Elles sont situées hors les murs, sans toutefois être très éloignées de la ville, le plus souvent près d'un cours d'eau pour permettre les bains considérés comme salutaires. À l'époque des croisades, alors que le nombre de lépreux est de plus en plus élevé, on construit des bâtiments en maçonnerie avec de vastes chambres, ancêtres des hôpitaux. L'Église prend alors en charge les pensionnaires, les nourrit et les habille *« pour qu'ils ne puissent errer et mendier tout en répandant la maladie »*.

L'enfermement n'a jamais été total. Nombreux sont les lépreux qui mendient devant l'entrée de la léproserie lorsque celle-ci est située à proximité d'une route ou qui s'approchent des portes de la ville. Afin d'être reconnaissables, ils doivent porter une houppelande marquée d'une cocarde sur l'épaule gauche. Un chapeau à larges bords et des gants cachent les plaies de leur visage et de leurs mains. Ils avertissent les habitants de leur passage en faisant tourner une crécelle.

Ils peuvent exercer des professions considérées comme dégradantes : équarisseur, fossoyeur, fabricant de cordes réservées aux pendaisons et de cercueils destinés aux condamnés à mort.

Sainte Iduberge secourant les lépreux. Gravure de Hans Burgkmair, fin du XVᵉ siècle. [Musée d'Histoire de la médecine, Paris]

Les rites d'exclusion

Celui qui est soupçonné d'être atteint de la lèpre est examiné par un jury composé non de médecins mais de gens désignés comme compétents (souvent d'autres lépreux : les candidatures sont rares). Le représentant de l'évêque ou celui de l'autorité laïque prononce la sentence de séparation.

Avant de partir pour la léproserie, le malade est soumis à une cérémonie lugubre. Comme un mort, il est conduit en procession à l'église au chant de *Libera me*. Il écoute la messe dissimulé sous un catafalque. En un simulacre d'inhumation, le prêtre lui verse de la terre du cimetière sur la tête et lui dit : « *Mon ami, c'est signe que tu es mort au monde.* » On lui lit la liste des défenses (entrer dans un moulin, toucher les aliments au marché…) et on lui remet, après bénédiction, les gants, la crécelle et le barillet avec lequel il pourra mendier. Il faudra attendre le XVIe siècle pour voir l'Église supprimer cette cérémonie macabre.

Cependant, à travers les siècles, la lèpre continue de représenter, là où elle sévit, une punition divine sanctionnant d'inavouables péchés. Aujourd'hui encore, alors que les conditions de contagion sont parfaitement connues, l'exclusion demeure.

Affiche de la Fondation Raoul Follereau. En 1966, le journaliste et avocat français Raoul Follereau (1903-1971) fédère les associations de lutte contre la lèpre. Chaque année, la fondation qui porte son nom organise une journée d'information et une quête sur la voie publique afin de collecter des fonds.

LA SYPHILIS, « MAL AMÉRICAIN » ?

« 1492 : les caravelles de Christophe Colomb accostent dans une île des Caraïbes. Cette « découverte de l'Amérique » est la première des expéditions qui vont, pour les Européens, changer la dimension de leur monde et la vision qu'ils en ont. Les explorateurs sont aussi des conquérants qui portent dans leurs bagages un certain nombre de calamités dont les épidémies ne sont pas les moindres. Peut-être, en échange, ont-ils ramené d'Amérique une maladie nouvelle : la syphilis. »

Femme syphilitique ou lépreuse. Vase péruvien mochica.

Des Caraïbes...

La syphilis, maladie sexuellement transmissible (MST selon la désignation actuelle), sévit en Europe de manière épidémique à la fin du XVe siècle. Depuis la Renaissance, on pense que cette « maladie nouvelle » a été importée par des marins de Christophe Colomb.

Au cours de leur premier voyage en 1492, les caravelles de Christophe Colomb accostent à Cuba puis à Haïti. Durant ces deux escales, les marins ont des relations intimes avec des femmes caraïbes. Le 16 janvier 1493, deux vaisseaux de l'escadre - le troisième a fait naufrage - reprennent la mer et atteignent Séville le 31 mars. Les marins y séjournent quatre semaines avant de faire le tour de l'Espagne pour aboutir à Barcelone où les attend un accueil triomphal.

À l'issue de son second voyage, Colomb ramène en Europe des hommes, femmes et enfants capturés dans les îles Caraïbes.

Le premier cas de syphilis diagnostiqué par des médecins espagnols serait celui d'Alonso Pinzon, pilote d'un des vaisseaux de Christophe Colomb.

… à l'Italie

Les cas de syphilis se multiplient en Europe dès les dernières années du XVe siècle : le « mal américain » aurait été répandu par les armées des princes européens en guerre les uns contre les autres.

Le 13 février 1494, le roi de France Charles VIII, qui a décidé de faire valoir ses droits sur le royaume de Naples, part d'Amboise à la tête d'une armée de 30 000 hommes. Celle-ci est composée de mercenaires originaires de France et d'autres pays d'Europe. Alors que les troupes de Charles VIII remontent vers le nord de l'Italie après avoir assiégé Naples, elles sont décimées par la syphilis. En novembre 1495, les rescapés arrivent à Lyon où ils sont démobilisés. Les malades sont admis à l'hôtel-Dieu de Lyon, premier hôpital à traiter des personnes atteintes de syphilis. Les mercenaires étrangers regagnent leurs pays d'origine où ils propagent la maladie.

Le « mal américain » est devenu le « mal *francese* » pour les uns, le « mal de Naples » pour les autres. Mais le fait qu'on l'ait également qualifié selon les pays touchés de castillan, espagnol, portugais ou allemand montre l'ampleur du mal. Pendant une dizaine d'années, dans toute l'Europe, la maladie s'avère très contagieuse et le plus souvent mortelle. Par la suite, elle semble perdre de sa vigueur : elle prend dès lors une forme chronique. Le terme de *syphilis* n'apparaîtra qu'au cours du XVIIIe siècle.

Soldat espagnol soigné de la syphilis, dite ici « mal de Naples ». Gravure française du XVIIe siècle.

Une maladie endémique des populations indiennes ?

Selon Bartolomé de Las Casas, connu pour avoir consacré sa vie à la défense des Indiens opprimés par les conquérants européens, la syphilis serait pour les indigènes des Caraïbes une maladie bénigne : *« Les Indiens, hommes ou femmes, qui en étaient atteints, en souffraient très peu. »*

On sait aujourd'hui que l'agent infectieux de la syphilis est une bactérie, le tréponème pâle. Certaines formes de tréponèmes causent d'autres infections, notamment la *pinta*, maladie cutanée bénigne présente au sein des populations indiennes. Des historiens de la médecine se demandent si la présence de germes de pinta n'aurait pas partiellement immunisé les indigènes qui en étaient porteurs contre ceux de la syphilis. Cette dernière aurait donc existé d'une manière endémique sous une forme bénigne chez les Indiens rencontrés par les marins de Christophe Colomb. Ceux-ci, non immunisés par la pinta, affaiblis par leur longue traversée et atteints du scorbut (maladie causée par la carence en certaines vitamines), auraient développé une forme foudroyante de la maladie et l'auraient transmise aux populations européennes.

Une chronologie contestée

L'hypothèse « américaine » de la contamination de l'Europe par la syphilis est aujourd'hui contestée par des historiens. Certains affirment que la syphilis est présente en Europe depuis très longtemps même si elle n'a pas pris de forme aiguë avant la fin du XVe siècle. Peut-être était-elle alors confondue avec d'autres maladies à manifestations cutanées, comme la lèpre ou le psoriasis.

Des textes des premiers siècles de notre ère semblent attester l'existence d'une maladie vénérienne proche de la syphilis. Pline l'Ancien (23-79) parle d'un *« lichen qui passe du visage au reste du corps en laissant sur la peau de sales croûtes farineuses et qu'un baiser rapide suffit à communiquer »*. Pline le Jeune (61-v. 114) parle d'un homme qui avait *« des ulcères putrides dans les parties cachées »*.

Une découverte archéologique de la fin du XXe siècle semble confirmer la présence de la syphilis dans les derniers siècles de l'Empire romain. Le squelette d'une femme portant un fœtus de sept mois a été découvert dans une sépulture datée des premiers siècles de notre ère, dans la nécropole de l'antique Olbia (près d'Hyères, dans le Var). Les paléopathologistes ont examiné des lésions osseuses visibles sur les squelettes de la mère et de l'enfant : ils pensent que la mère était atteinte de syphilis et qu'elle l'avait transmise *in utero* à l'enfant.

Portrait de Jean François Fernel (1497-1558), médecin d'Henri II, pionnier de l'étude de la syphilis.

Expertise littéraire

Le 21 septembre 1494, le poète italien le Politien meurt dans d'atroces souffrances. Dans un poème écrit en latin et non daté, il décrit sa maladie dont *« la violence impie et funeste emplit les veines de ses flammes cruelles* [...] *»*. Peut-être le Politien a-t-il contracté une forme galopante de la maladie à la fin de l'année 1493, ce qui correspond à la date de la grande épidémie. Mais des historiens de la littérature, d'après le style du poème, affirment que celui-ci aurait été écrit entre 1475 et 1478... c'est-à-dire bien avant le premier voyage de Christophe Colomb.

LES INDIENS VICTIMES DE MALADIES IMPORTÉES

L'effondrement des civilisations amérindiennes a de multiples raisons : supériorité de l'armement de redoutables soldats montés sur des animaux inconnus, les chevaux ; crainte à l'égard de conquérants considérés comme des envoyés des dieux ; croyance en des présages funestes annonçant l'effondrement des empires... À toutes ces raisons s'ajoutent les effets des maladies infectieuses introduites par les nouveaux arrivants.

Christophe Colomb à la rencontre des Indiens d'Amérique. Gravure du XVIe siècle. Image idyllique du choc de deux civilisations.

Si les Indiens semblent avoir bénéficié d'une certaine immunité à l'égard de la syphilis, il n'en a pas été de même contre les nombreuses maladies importées dans le Nouveau Monde par les Européens.

Le 19 février 1519, Hernan Cortés, homme de guerre espagnol, à la tête d'une flotte de onze vaisseaux transportant quelques centaines d'hommes, aborde sur la côte mexicaine. En deux ans et demi, ces « conquistadors » provoquent la chute de l'Empire aztèque. Cet effondrement d'un empire de fondation récente - moins d'un siècle - et en pleine expansion démographique interroge les historiens modernes.

À la fin de l'été 1520, une épidémie de variole se répand dans tout le Mexique et y sème la mort. L'épidémie avance plus vite que les troupes espagnoles. Dans la capitale, l'infection décime la population ; l'empereur Cuitlauac, élu en septembre 1520, n'occupe son trône que quelques dizaines de jours, emporté par la maladie. Selon un texte de 1528 rédigé en langue nahuatl, la capitulation de la capitale est due à l'épidémie : *« Alors se répandit l'épidémie : de grandes toux, des boutons ardents qui tuaient. »* À la lumière des documents de l'époque, les pertes indiennes peuvent être évaluées à plusieurs dizaines de milliers ; les conquérants espagnols, au contraire, ont bien résisté à la maladie.

La variole est très contagieuse dans sa phase initiale : elle se transmet par voie respiratoire, les virus étant transmis par les gouttelettes de salive. Sa propagation a été facilitée par les déplacements de population fuyant la guerre. La variole est sans nul doute la principale cause de l'hécatombe. Mais ses effets ont pu être amplifiés par d'autres maladies épidémiques comme le rhume, la grippe ou la bronchite.

En 1531, la rougeole prend le relais ; en 1545, une nouvelle maladie emporte 800 000 Indiens : c'est probablement le typhus. En 1576, une autre épidémie fait autour de 2 millions de victimes.

La mise en exploitation des terres conquises a nécessité une main-d'œuvre nombreuse. Mais épidémies et massacres ont décimé la population dans des proportions telles que, dès 1501, le roi d'Espagne autorise l'introduction d'esclaves noirs d'Afrique : en un siècle, plus de 100 000 d'entre eux y sont déportés. Cette « traite des Noirs », bientôt pratiquée par toutes les puissances d'Europe atlantique, s'amplifie aux XVIIIe et XIXe siècles.

Il est probable que c'est à la faveur de ces transferts de population intercontinentaux que les populations d'Amérique ont été atteintes par le paludisme et la fièvre jaune. Le paludisme est transmis par des moustiques dont les larves vivent à la surface des barils d'eau douce entassés sur le pont des navires négriers. Une fois parvenu en Amérique, l'agent du paludisme a pu s'adapter à de nouvelles espèces de moustiques.

LE TYPHUS, MALADIE DES ARMÉES EN GUERRE

Le typhus épidémique est une maladie fréquente dans les populations pauvres vivant sans hygiène, en situation de surpeuplement. Il atteint notamment les groupes humains contraints à la promiscuité dans des conditions de vie précaire : armées en campagne ou en cantonnement, camps de prisonniers de guerre, prisons et bagnes, camps de concentration.

Une maladie souvent mortelle

Le typhus épidémique a été décrit pour la première fois en 1546 par Jérôme Fracastor, humaniste aux multiples talents, qui a su faire la distinction entre les symptômes du typhus et ceux de la peste. En 1760, le médecin montpelliérain François Boissier de Sauvages de Lacroix fait lui aussi une excellente description de la maladie et propose le nom de « typhus exanthématique » (qui produit des éruptions cutanées).

La maladie se traduit par une brusque apparition de fièvre et de frissons, de maux de tête violents, de maux de gorge, de douleurs musculaires, parfois de conjonctivite. Par la suite, le malade reste prostré, frappé de stupeur (en grec *tuphos*), voire de confusion mentale. D'innombrables taches rouges apparaissent sur toute la surface de la peau, à l'exception de la paume de la main et de la plante des pieds. Le taux de mortalité est élevé, pouvant atteindre de 15 à 20 % ; des complications cardiovasculaires ou nerveuses entraînent le décès. Pour celui qui survit, la guérison intervient aussi brusquement que le déclenchement de la maladie.

Promiscuité et crasse

Le typhus est probablement présent très tôt dans les sociétés, partout où la concentration humaine s'accompagne d'une précarité de subsistance et d'un manque d'hygiène. Une maladie avec fièvre et éruptions cutanées, qui est vraisemblablement le typhus, est signalée pour la première fois dans un document de 1083 provenant du monastère de La Cava en Espagne.

Soldat apothicaire : représentation humoristique d'un embryon de service de santé. Gravure d'après Oldendorf, fin du XVIIIe siècle.

Le typhus suit et décime les armées en guerre. La maladie se répand en Europe à partir de 1490, rapportée de Chypre par des soldats espagnols. Elle sévit maintes fois au cours des XVIe et XVIIe siècles à la faveur des conflits qui opposent catholiques et protestants ; il en est de même lors des guerres dynastiques qui prennent le relais... en attendant celles de la Révolution et de l'Empire.

Les médecins militaires commencent à classer les maladies spécifiques qui assaillent les armées. Ils parlent de « fièvres des camps » qui ravagent les casernes et cantonnements, les gîtes d'étape, les hôpitaux. Ils savent que ces fièvres atteignent d'autant plus facilement des soldats en campagne épuisés et mal nourris. Présentes également dans les cales des navires et les cachots des prisons, elles sévissent dans les couches misérables des populations urbaines.

« Ils étaient vaincus par... » le typhus

Les longues guerres opposant la France révolutionnaire et napoléonienne aux pays d'Europe coalisés ont été très meurtrières. Une grande partie des décès sont dus aux attaques répétées de typhus qui n'épargnent aucune armée belligérante et débordent souvent sur la population civile. Le typhus est là de 1794 à 1798. Il sévit à Gênes, en Italie, et à Wurtzbourg, en Allemagne, en 1800. Les amples mouvements des armées napoléoniennes sont à l'origine de la dissémination du fléau en Europe. Les campagnes de Prusse en 1806, de Pologne en 1807, d'Espagne en 1808 et d'Autriche en 1809 donnent lieu à de graves poussées épidémiques : les morts par le typhus se comptent par dizaines de milliers.

Pour les troupes impériales, la retraite de Russie, en 1812, marque une apogée du fléau. Certes, l'hiver russe et les cosaques sont pour beaucoup dans la défaite, mais les hommes affaiblis par le froid et la famine sont de manière massive atteints par le typhus qui fait des ravages dans leurs rangs. Après la bataille d'Ostrowo, en Pologne, 80 000 soldats sont portés malades. Une découverte archéologique récente, non loin de Vilnius en Lituanie, a mis au jour une fosse commune regroupant de nombreux cadavres de soldats de la Grande Armée morts de cette maladie. Celle-ci est ensuite importée dans les villes françaises par les survivants. Après Waterloo (1815), si les épidémies régressent, la maladie continue de sévir chez les prisonniers et au sein des couches misérables de la population.

La victoire de l'hygiène

En 1752, l'Anglais John Pringle, responsable d'un hôpital militaire dans les Flandres, étudie la dysenterie et le typhus. Il cherche des méthodes chimiques pour lutter contre la putréfaction. Il en arrive à la conclusion qu'il faut recommander la propreté des cantonnements et le lavage ou la destruction des vêtements infectés des malades.

En juin 1903, Charles Nicolle (1866-1936), en poste à l'hôpital indigène de Tunis, constate qu'au moment d'être admis à l'hôpital le malade transmet la maladie à son entourage et au personnel d'accueil. Par contre, une fois débarrassé de ses vêtements et de son linge, lavé et rasé, il ne contamine ni le personnel médical, ni ses voisins de salle commune. Nicolle en conclut que ce sont le déshabillage et la toilette

11 février 1808 : Napoléon visite l'infirmerie des Invalides. Image idéalisée d'un hôpital militaire très différent des hôpitaux de campagne improvisés lors des grandes épidémies.
Tableau de Véron-Bellecourt, Versailles.

qui ont privé le malade de « quelque chose » responsable de la transmission de la maladie. Il suppose qu'il s'agit du pou. Il vérifie son hypothèse en transmettant expérimentalement la maladie à des animaux. En 1909, il communique le résultat positif de ses recherches à l'Académie des sciences.

La bactérie responsable du typhus est identifiée quelques années plus tard par Taylor Ricketts et Stanislas Joseph Mathias von Prowazek qui tous deux paient de leur vie leur découverte. Dès lors, des mesures sont prises pour éviter l'extension des épidémies : séances d'épouillage, mesures de désinfection des locaux, amélioration de l'hygiène. Les malades mis en quarantaine sont rasés et soumis à des douches périodiques.

La première moitié du XXe siècle connaît des épidémies de typhus des plus meurtrières. De 1919 à 1922, la Russie révolutionnaire enregistre officiellement 5 millions de cas ; de fait, il y en aurait eu entre 20 et 30 millions dont 3 millions de morts. Pendant la Seconde Guerre mondiale, le typhus ravage les camps de concentration nazis de Ravensbrück et de Bergen-Belsen. D'autres pays seront encore victimes du fléau jusqu'à la mise au point d'un vaccin et l'usage du DDT qui viendra à bout des poux.

ENCORE ET TOUJOURS LA PESTE

Le recul de la peste noire au cours de la seconde moitié du XIVe siècle n'annonce nullement la disparition de la maladie. Les épidémies se succèdent siècle après siècle et la peste reste l'épidémie par excellence.

L'Europe maintes fois atteinte

La peste, même si ses attaques s'espacent, continue de sévir en Europe pendant tout le XVe siècle : à Paris en 1437, à Constantinople en 1468, à Venise en 1478. Elle est à peu près annuelle de 1481 à 1516 en Languedoc, « *la province la plus pesteuse du royaume* ». Une terrible épidémie se propageant du nord au sud ravage une grande partie de l'Espagne (Aragon, Levant, Castille et Andalousie) de 1599 à 1601.

La Peste de 1656 à Naples.
Tableau de Micco Spadaro.
[Musée de San Martino, Naples]

Après une période de relative accalmie, la seconde partie du XVIe siècle connaît une recrudescence de la maladie. Elle sévit pendant douze ans, de 1558 à 1570, à Barcelone, qu'elle ravage de nouveau en 1589, causant près de 12 000 décès. L'Italie n'est pas épargnée : Venise perd 50 000 habitants entre 1575 et 1577, Messine 40 000 en quelques mois de 1589 ; la peste est à Palerme de 1590 à 1600.

Les retours de l'épidémie sont moins fréquents au XVIIe siècle, même s'ils restent très meurtriers, comme l'épidémie qui sévit à Barcelone de 1650 à 1653, anéantissant près de la moitié de sa population. La peste est à Lyon en 1628, à Nimègue en 1635, à Toulouse en 1653, à Londres en 1665.

La peste de Marseille en 1720

Marseille au début du XVIIIe siècle est une ville d'environ 100 000 habitants ; son port est prospère grâce aux échanges avec les pays d'Orient. Comme elle a été atteinte une vingtaine de fois par la peste, notamment en 1630 et en 1649, les autorités municipales ont organisé un service de santé. À l'entrée du port, des « intendants de la Santé » vérifient quels ont été les lieux d'escale et contrôlent l'état sanitaire de l'équipage. Les bateaux en provenance de pays susceptibles d'être atteints par une épidémie sont isolés dans deux îles à l'écart de la rade ; si nécessaire, on coule le navire suspect et on brûle la cargaison. Les passagers et équipages sont mis en quarantaine hors des remparts.

En 1720, un navire en provenance de Syrie arrive à Marseille. Il y a eu à son bord plusieurs cas de peste signalés par le capitaine aux autorités du port. Mais, sous la pression de riches commerçants qui tiennent à disposer de la cargaison pour la très prochaine foire de Beaucaire, la quarantaine n'est pas respectée. Quelques jours plus tard, une violente épidémie de peste se déclare et se répand rapidement dans la ville dont les quartiers les plus anciens sont insalubres. Elle anéantit la moitié de la population.

La dernière pandémie de peste

La dernière pandémie de peste à ce jour a pris naissance dans l'ouest du Yunnan, en Chine. Elle décime la population de la capitale provinciale de Yunnanfu (aujourd'hui Kunming) en 1886 et touche Canton et Hong Kong en 1894. Désormais, à partir de ces deux grands ports, elle se répand dans le monde entier. Sa progression suit les grandes voies du commerce maritime : elle est à Bombay en 1896, à Suez en 1897, à Alexandrie et au Portugal en 1899 ; à Marseille, Glasgow et Hambourg,

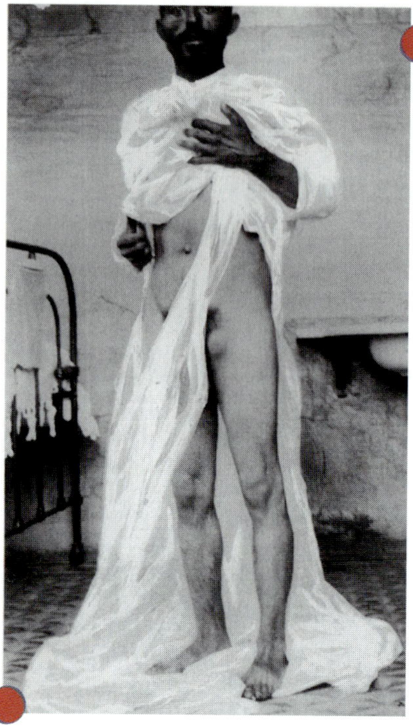

Patient atteint de peste bubonique. Porto (Portugal).

on réussit à l'enrayer en imposant de très strictes quarantaines. Elle atteint pour la première fois l'Australie et l'Amérique, continents jusque-là épargnés.

Cette pandémie est particulièrement meurtrière : elle tue environ un million de personnes en Inde pour la seule année 1903 ; le nombre total de victimes dans le sous-continent est évalué à 12,5 millions entre 1898 et 1918. Aux effets de la peste bubonique, il faut ajouter ceux de la peste pulmonaire qui atteint la Mandchourie en 1910-1911 (60 000 victimes) et le Shanxi en 1920-1921 (16 000 victimes).

Sauts de puce

La présence de la peste en Chine inquiète les autorités françaises qui craignent une contamination de leurs territoires d'Indochine. En 1894, le ministère des Colonies charge Alexandre Yersin de se rendre à Hong Kong afin *« d'y étudier la nature du fléau, les conditions dans lesquelles il se propage et de rechercher les mesures les plus efficaces pour l'empêcher d'atteindre nos possessions »*. Malgré l'interdiction de procéder à des autopsies, Yersin réussit à effectuer des prélèvements de bubons et à les examiner au microscope. Il isole des bacilles dont il démontre qu'ils sont responsables de la maladie. Il pense que le rat en est le principal véhicule.

En 1897, Masanori Ogata, professeur à l'Institut d'hygiène de Tokyo, affirme que ce sont les puces dont le rat est porteur qui sont les vecteurs de la peste. Le Français Paul-Louis Simond, qui prend en 1898 la direction de l'Institut Pasteur de Saigon, réussit à le démontrer. Cinq ans plus tard, la Convention internationale sanitaire rend obligatoire la dératisation des bateaux infectés.

La puce, agent de propagation de la peste.

Ce n'est que vers 1925 que l'on réussit à décrire le cycle complet de la peste. Le réservoir initial est un rongeur sauvage, le tabargan, vivant dans les plaines d'Asie centrale. L'espèce devait être contaminée par la bactérie de la peste de manière permanente. Le commerce de fourrures infectées est peut-être à l'origine de la peste

La peste des chiffonniers

1920 : cent six cas de peste à Paris, dont trente-quatre mortels. Le premier cas identifié est celui d'un enfant admis à l'hôpital Bretonneau pour un malaise et un bubon dans l'aisselle droite. La ponction du ganglion révèle le bacille de la peste. La préfecture de Police charge un médecin de procéder à des enquêtes épidémiologiques. Celles-ci font apparaître que les différents foyers de peste ont en commun d'appartenir au milieu des chiffonniers. Il s'agit d'une catégorie de population vivant du tri et de la récupération des ordures, habitant dans la zone périphérique des fortifications. Comme aujourd'hui dans de nombreuses villes d'Afrique, d'Asie ou d'Amérique du Sud, ces chiffonniers vivent dans des baraques faites de matériaux de récupération constituant un véritable ghetto où sont venus se réfugier tous les déclassés de Paris. Cent mille êtres humains vivent ainsi « à la zone », dans la vermine et la boue, au milieu d'une multitude de rats porteurs de puces, porteuses elles-mêmes de bacilles de la peste.

Le rat et la mouche : deux agents de propagation de maladies épidémiques. Photographie d'Henri Cartier-Bresson.

noire à Caffa *(voir page 18)* : les puces seraient passées des fourrures aux rats des navires qui les transportaient vers les ports européens. Une autre hypothèse envisage que des tabargans aient migré vers des villes à la suite de modifications de leur environnement naturel, transmettant la bactérie aux rats, nombreux dans les agglomérations urbaines. On sait aujourd'hui que plus de 200 espèces de mammifères appartenant à 73 genres différents peuvent être contaminés par la bactérie. Que de sauts en perspective pour les puces !

LA DYSENTERIE ÉPIDÉMIQUE

La peste est accompagnée ou relayée par d'autres maladies tout aussi redoutables : le typhus, le paludisme, la variole... De toutes, la dysenterie est peut-être la plus fréquente et la plus grave. Maladie courante dans les populations pauvres des campagnes comme des villes, elle rivalise avec la peste quant aux dégâts qu'elle provoque et à la peur qu'elle inspire.

Parmi les diarrhées, les dysenteries

Le papyrus égyptien d'Ebers, véritable traité de médecine datant de 1553 av. J.-C., fait mention d'une maladie qui est probablement la dysenterie. Hippocrate (- 460, - 375) la distingue des simples diarrhées. Arétée de Cappadoce (81-138) est le premier à en donner une bonne description et tente d'en distinguer les diverses formes en observant les matières fécales du malade et les lésions anatomiques laissées par la maladie.

Jacobus Bontius (1592-1631), médecin d'origine hollandaise vivant en Indonésie, distingue deux formes de dysenterie : l'une aiguë, fiévreuse et épidémique, l'autre chronique. Il faut attendre la fin du XIXe siècle pour reconnaître en la première la dysenterie bactérienne. La seconde, dite amibienne, est provoquée par une amibe, protozoaire des eaux douces qui parasite l'intestin de l'homme.

Le bassin, ustensile fréquemment indispensable pour celui qui est atteint de dysenterie. Détail d'un tableau du XVIIIe siècle.

La dysenterie bactérienne

À l'occasion de l'épidémie qui ravage le Japon à partir de 1884, Kiyoshi Shiga confirme la distinction entre les deux dysenteries. En 1898, il donne une description détaillée du germe de la dysenterie bactérienne, *Bacillus dysenteriae.*

Cette maladie est aujourd'hui décrite avec précision. Le réservoir de la bactérie est constitué par l'homme malade, mais aussi par le convalescent et le porteur sain. La transmission se fait par le contact direct - le plus souvent par les mains sales - ou indirectement par des objets souillés. Mais la porte d'entrée étant la bouche, c'est le plus souvent par les aliments et plus spécialement l'eau que la bactérie pénètre. La contamination de l'eau est la cause des épidémies les plus massives. La réceptivité est d'autant plus forte que le sujet est fatigué ou insuffisamment nourri : il n'est donc pas surprenant que la dysenterie frappe plus spécialement les populations vivant dans des conditions d'hygiène insuffisantes, en période de disette, voire de famine.

Des rois de France victimes de la dysenterie

Des documents relativement abondants permettent de repérer les épidémies de dysenterie dans la France du Moyen Âge et des Temps modernes. Plusieurs rois de France semblent en avoir été victimes.

Si l'on en croit son biographe Suger, Louis VI le Gros aurait succombé le 1er août 1137 à une série d'attaques de diarrhée chronique, probablement de dysenterie. La troisième croisade contre les albigeois menée par Louis VIII le Lion aurait été plus meurtrière du fait de la maladie qu'à cause des combats ; le roi lui-même meurt de dysenterie aiguë le 8 novembre 1226. On attribue souvent la mort de saint Louis devant Tunis, le 25 août 1270, à la peste, mais il est probable qu'il est mort de dysenterie. Il avait déjà été atteint en 1249 : le roi, dit la chronique, est « *repris de son flux de ventre et maigrit à ce point que les os de l'échine de son dos étaient merveilleusement aigus* ». En 1285, l'armée de Philippe III le Hardi qui assiège Girone, en Espagne, est décimée par la dysenterie ; le roi, transporté en litière à Perpignan, meurt des effets conjugués de la dysenterie et du paludisme contracté à Tunis lors de la huitième croisade.

La grande épidémie de 1779

La grande épidémie de dysenterie qui ravage les provinces de l'ouest de la France en 1779 est bien connue par les archives de la Société royale de médecine récemment créée. Dans un rapport qu'il adresse à cette instance, le docteur Caille la qualifie de « *l'une des plus meurtrières qu'on ait encore vue régner en France, si l'on excepte la peste* ». Elle connaît une très large extension géographique, même si son intensité n'est pas partout la même. Présente en Franche-Comté, Bourgogne et Lyonnais et, de façon plus sporadique, dans les provinces méridionales, elle dévaste *« des cantons entiers dans la Bretagne, le Poitou, l'Anjou, le Maine, la Normandie, la Picardie et la Flandre »*. La cartographie élaborée par les historiens actuels précise et nuance cette énumération, montrant par exemple que certaines paroisses de Normandie et de Guyenne ont été parmi les plus touchées du royaume alors que le pays rennais, en haute Bretagne, a été presque épargné.

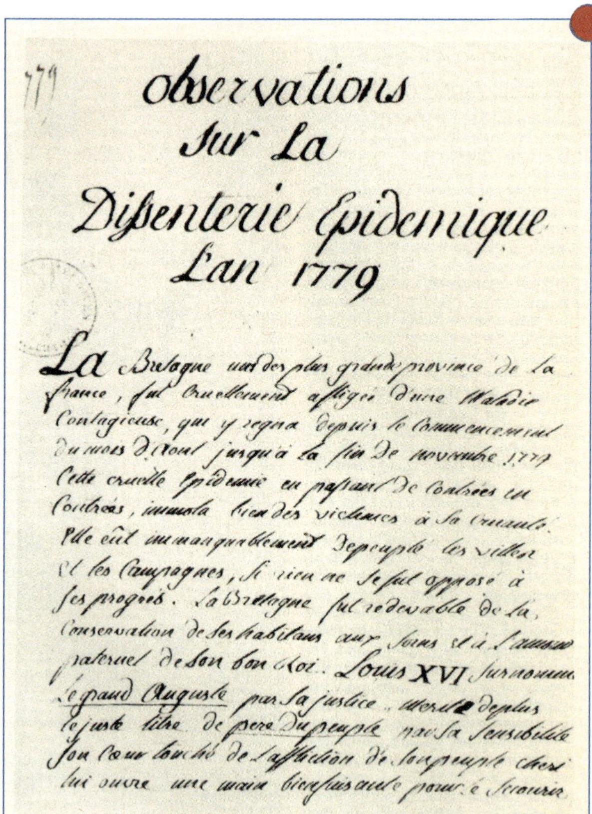

observations sur La Dissenterie Epidemique L'an 1779

La Bretagne une des plus grandes provinces de la france, fut cruellement affligée d'une Maladie Contagieuse, qui y regna depuis le Commencement du mois d'aout jusqu'à la fin de novembre 1779. Cette cruelle Epidemie en passant de Contrées en Contrées, immola bien des victimes à sa cruauté. Elle eût immanquablement depeuplé les villes et les Campagnes, si rien ne se fut opposé à ses progrès. La Bretagne fut redevable de la Conservation de ses habitans aux soins et à l'amour paternel de son bon Roi. Louis XVI surnommé le grand Auguste par sa justice, mérita depuis le juste titre de pere du peuple par sa sensibilité. Son Coeur touché de l'affliction de son peuple cheri lui ouvre une main bienfaisante pour le secourir

Début d'un rapport manuscrit rédigé à la fin de l'année 1779 par le médecin chargé de lutter contre l'épidémie de dysenterie dans l'intendance de Bretagne.

Les intendants et leurs subdélégués organisent la lutte contre l'épidémie. Suivant leurs instructions, des médecins des villes proches des régions touchées se rendent dans les paroisses qui leur sont désignées et tentent de soigner les malades et de lutter contre la propagation de la maladie. Parmi les paysans, nombreux sont ceux qui préfèrent s'en tenir à leurs habitudes et suivre *« l'ordonnance de charlatans et de commères »*, adresser des prières à saint Roch et à saint Sébastien. Toutefois, les médecins font preuve de courage et de dévouement et beaucoup d'entre eux sont victimes de la maladie. Les villes sont moins touchées que les campagnes : en cette fin du XVIIIe siècle, les conditions d'hygiène et d'alimentation sont moins mauvaises dans les premières. Le bilan est pourtant lourd : le nombre des morts est évalué à 175 000 pour l'ensemble du royaume dont 90 000 pour les intendances les plus touchées, La Rochelle, Poitiers, Rennes et Tours.

Échange de prisonniers lors de la guerre de Sécession (1861-1865) : les prisonniers fédéraux arrivent à bord du bateau-dépêche du colonel Mulford ; parmi eux, de nombreux blessés et malades atteints de dysenterie.

La dysenterie au secours des uns ou des autres

Au printemps de 1779, Louis XVI, engagé dans la guerre d'Indépendance américaine, envisage un débarquement dans les Îles britanniques avec l'appui de l'Espagne. À la mi-juillet, des troupes en provenance de tout le royaume convergent vers Le Havre, Saint-Malo et Brest pour constituer l'armée d'invasion. Beaucoup de soldats sont contaminés en traversant les régions touchées par la maladie et contribuent à sa propagation. Ceux des malades qui sont incapables de poursuivre leur route sont admis dans les hôpitaux ou laissés en pension dans des familles paysannes. Autant de raisons de voir l'épidémie se renforcer dans les zones traversées. Ceux qui atteignent les ports et sont embarqués sur les vaisseaux sont atteints à leur tour. Fin septembre, l'état sanitaire des troupes se ligue avec le mauvais temps pour obliger le roi à renoncer à son expédition. Le débarquement en Angleterre n'aura pas lieu.

Le 20 septembre 1792, les troupes françaises de la Révolution remportent avec bravoure la victoire de Valmy. Dans les jours suivants, les troupes prussiennes, décimées par la dysenterie, sont contraintes à une retraite précipitée.

ATTAQUES RÉPETÉES DU CHOLÉRA

Le choléra est une maladie contagieuse qui se traduit essentiellement par des diarrhées et vomissements entraînant une déshydratation massive et brutale. En l'absence de soins, la mort survient dans un cas sur deux. Au cours du XIXe siècle, de violentes épidémies de choléra ont ravagé à plusieurs reprises la planète, et plus spécialement l'Europe.

Une maladie ancienne

Le fait que l'Europe n'ait été atteinte qu'au cours du XIXe siècle ne doit pas laisser supposer qu'il s'agissait alors d'un mal nouveau. L'Inde est considérée comme le berceau de la maladie qui y sévit depuis la plus haute Antiquité. Elle ravage régulièrement les vallées des grands fleuves (Gange, Brahmapoutre...), régions de forte concentration urbaine. Elle est désignée en langue hindi par le mot *mordechim,* qui peut être traduit par « maladie mortelle des intestins ».

Lors de leur expédition en Inde (329-327 av. J.-C.), les armées d'Alexandre le Grand, roi de Macédoine, ont été touchées par le fléau : des gravures retrouvées sur la pierre tombale d'un officier en témoignent. Au Moyen Âge, les navigateurs arabes et européens ont été en contact avec la maladie. Il semble qu'il en a été de même pour les équipages de Vasco de Gama et Magellan au tournant des XVe et XVIe siècles.

La maladie est cependant restée longtemps endémique du fait que sa région d'origine avait peu de relations avec l'extérieur. Ce n'est qu'avec l'intensification des échanges internationaux liés à la colonisation qu'elle a atteint massivement le reste du monde, et notamment l'Europe.

Six pandémies

À partir de 1817, le choléra se répand sur l'ensemble du globe. La première pandémie atteint les rives de la Caspienne et s'arrête aux portes de l'Empire russe. Les populations européennes font connaissance avec la maladie lors de la deuxième pandémie, de 1829 à 1837 : les pays d'Europe du Nord-Ouest sont atteints en 1831 ; l'épidémie est à Londres en octobre 1831, à Paris en mars 1832, dans les pays d'Europe du Sud au cours des deux années suivantes ; elle sévit en Amérique du Nord et en Australie.

Évocation macabre des ravages causés par le choléra à Paris, en 1832. Survenue pendant un bal masqué du carnaval, la maladie est ici symbolisée par la silhouette décharnée vêtue d'un suaire, à droite. Gravure de 1851.

L'Europe est de nouveau atteinte en 1848-1849, 1853-1854, 1865-1866, en 1883-1884 et 1892-1894, les deux dernières attaques étant moins meurtrières. Au début du XXe siècle, le choléra recule en Amérique, en Europe et même en Afrique et, après 1950, il n'est plus observé qu'en Asie.

La France perd 500 000 personnes au cours du XIXe siècle avec des pointes en 1832 (100 000), 1849 (idem) et 1854 (150 000). Bien que le nombre de décès soit relativement faible par rapport au total de la population, les épidémies de choléra ont un effet psychologique majeur : en effet, les médecins français étaient persuadés que le choléra n'atteindrait jamais un pays comme le leur, compte tenu de son niveau économique élevé, de son haut degré de civilisation et de la supériorité de la science médicale.

Une maladie facile à traiter

Dès le milieu du XIXe siècle, des recherches sont entreprises pour identifier le germe de la maladie. Des bactéries sont observées au microscope dans le contenu intestinal de cadavres puis dans les matières fécales de malades. À partir de 1883, le bactériologiste allemand Robert Koch dirige des missions en Égypte puis en Inde. Avec son équipe, il réalise les premières cultures de *Vibrio cholerae*. Un vaccin est mis au point à Barcelone par Ferran ; entre avril et octobre 1885, celui-ci vaccine 50 000 sujets.

Le choléra est une maladie aujourd'hui bien connue et relativement facile à traiter. La contamination s'effectue par l'eau de boisson, par des aliments ou des vêtements souillés, voire par de simples contacts de la main à la main. Il faut attendre une époque récente pour voir respecter les règles d'hygiène corporelle et alimentaire permettant d'éviter la contagion : faire cuire les légumes et bouillir l'eau de boisson, se laver soigneusement les mains. Actuellement, l'essentiel des soins réside dans une réhydratation massive du malade et la prise de médicaments simples.

Le Petit Journal

ADMINISTRATION
61, RUE LAFAYETTE, 61
Les manuscrits ne sont pas rendus
On s'abonne sans frais dans tous les bureaux de poste

5 CENT. SUPPLÉMENT ILLUSTRÉ 5 CENT.
23me Année — Numéro 1.150
DIMANCHE 1er DÉCEMBRE 1912

ABONNEMENTS

	SIX MOIS	UN AN
SEINE et SEINE-ET-OISE..	2 fr.	3 fr. 50
DÉPARTEMENTS..........	2 fr.	4 fr. »
ÉTRANGER	2 50	5 fr. »

LE CHOLÉRA

Illustration du *Petit Journal* du dimanche 1er décembre 1912.

Septième pandémie ou maladie vaincue ?

La septième pandémie démarre en 1961. Partie d'Indonésie, elle se répand dans toute l'Asie et atteint le Moyen-Orient en 1965 ; entre 1971 et 1991, elle touche une grande partie des pays africains. Le 23 janvier 1991, les premiers cas sont signalés sur le continent sud-américain où la maladie se répand rapidement : près de 750 000 personnes sont atteintes et, malgré les moyens modernes de lutte, on déplore 6 400 décès.

La maladie est due à une nouvelle forme de germe, *Vibrio El Tor*, du nom d'un port d'Arabie saoudite où débarquent les pèlerins se rendant à La Mecque : nombre d'entre eux sont atteints et la vaccination anticholérique devient obligatoire pour tous ceux qui veulent effectuer le pèlerinage.

Début octobre 1992, l'Asie est de nouveau envahie : une nouvelle forme de vibrion se répand à travers le Bangladesh, la Thaïlande, la Malaisie, le Pakistan et le Népal. L'Organisation mondiale de la santé, constatant qu'il peut s'agir d'une nouvelle pandémie, met en œuvre d'importants moyens pour la juguler. La maladie n'est pas définitivement vaincue.

Un hussard sur un toit ?

En 1951, Jean Giono écrit un de ses plus beaux romans, *Le Hussard sur le toit*. Angelo Pardi, jeune colonel de hussards piémontais, traverse, au cours des années 1830, la Provence ravagée par une épidémie de choléra. Seul d'abord, puis en compagnie de la belle Pauline de Théus à laquelle il voue un amour tout de respect et de dévouement.

Bien sûr, Giono n'a nullement fait œuvre d'historien. Cependant, son roman est riche des faits que la mémoire collective provençale a retenus des épidémies relativement récentes ayant ravagé la région. Mémoire fossilisée en quelques objets encore visibles : ex-voto déposés dans des églises par des rescapés lors de l'épidémie de 1834-1835 ; « Vierges du choléra » d'Aix-en-Provence, placées dans de petites niches vitrées aux angles des maisons ; « obélisque du choléra » surmontant le tombeau d'une famille de notables dans le cimetière de Mirabeau…

Arrivé à Manosque, Angelo est contraint de monter sur les toits pour semer ceux qui l'accusent d'avoir empoisonné les puits. De son observatoire forcé, il est témoin d'une scène identique à celle à laquelle il a réussi à échapper : un jeune homme massacré par un groupe d'hommes et de femmes en furie.

Ignoble bassesse humaine qui contraste avec la noblesse des deux héros et de quelques individus courageux qui refusent de se laisser gagner par la peur panique. Preuve suprême d'un amour pourtant platonique, Pauline est la seule personne qu'Angelo réussira à sauver du choléra en lui appliquant le traitement qu'il a appris d'un jeune médecin lui-même victime de la maladie.

LE PALUDISME, MALADIE PARASITAIRE

Le paludisme, maladie des marais : du mot latin *palus/paludis*, « marais », la France de l'ouest a gardé « palud » pour désigner un terrain marécageux en bordure de la mer ou d'un cours d'eau. Qui dit marais, dit moustiques : là où sévit le paludisme, ils en sont les vecteurs.

Une maladie endémique

Les zones humides proposent toute une gamme de ressources : pêche dans les rivières et les étangs ; pâturage de prairies à l'herbe abondante ; cultures inondées comme le riz ; exploitation des tourbières. Des travaux de drainage permettent de maîtriser au moins partiellement le niveau des eaux et de gagner des terres cultivables : on assiste alors à une colonisation des terres, souvent pratiquée par des populations nouvellement venues.

Ces raisons économiques expliquent que, bien qu'insalubres, les régions marécageuses aient été et soient encore intensivement exploitées par des populations denses. Le revers de la médaille est que, dans de telles régions, la « fièvre paludéenne » sévit toujours de manière endémique : ce fut longtemps le cas de la France de l'ouest ou du Midi languedocien, du Frioul en Italie ; c'est aujourd'hui celui de l'Afrique intertropicale ou de l'Asie des moussons.

Pour les Européens, le paludisme est étroitement lié à l'histoire coloniale. La constitution du second empire colonial français débute en 1830 avec la conquête de l'Algérie. Lors du siège de Bône, habitants et soldats sont décimés par la maladie. En pénétrant à l'intérieur des terres, les conquérants atteignent une plaine immense, parsemée d'étangs, la Mitidja ; les soldats qui campent autour de Boufarik sont atteints de fièvres. Lorsque vient pour eux l'heure de la relève, d'autres prennent leur place et subissent le même sort : bientôt, tout le corps expéditionnaire français est contaminé. Les colons qui se voient attribuer des terres à exploiter sont eux aussi victimes de la « fièvre des marais ».

Le paludisme est désormais le premier ennemi des soldats et des colons. Ce qui est vrai pour l'Algérie le sera pour l'Afrique subsaharienne et l'Indochine.

Le paludisme expliqué

En 1878, le médecin militaire Alphonse Laveran (1845-1922) se rend en Algérie pour étudier le paludisme. Il découvre qu'il s'agit d'une maladie provoquée par des hématozoaires, parasites animaux microscopiques vivant dans les globules rouges du sang. La propagation se fait par des piqûres de la femelle d'une variété de moustiques, l'anophèle. Lorsqu'elle pique un malade, elle pompe du sang contenant des parasites. Ceux-ci se transforment avant de passer dans les glandes salivaires de l'insecte. En piquant un individu sain, elle fait pénétrer dans ses vaisseaux sanguins des hématozoaires. Après une période d'incubation, l'individu contaminé développe une fièvre intermittente. La répétition des accès de fièvre provoque une anémie. L'usage régulier de médicaments, en premier lieu la quinine *(voir encadré page suivante)*, réussit à atténuer les effets de la maladie sans toutefois éliminer totalement les parasites.

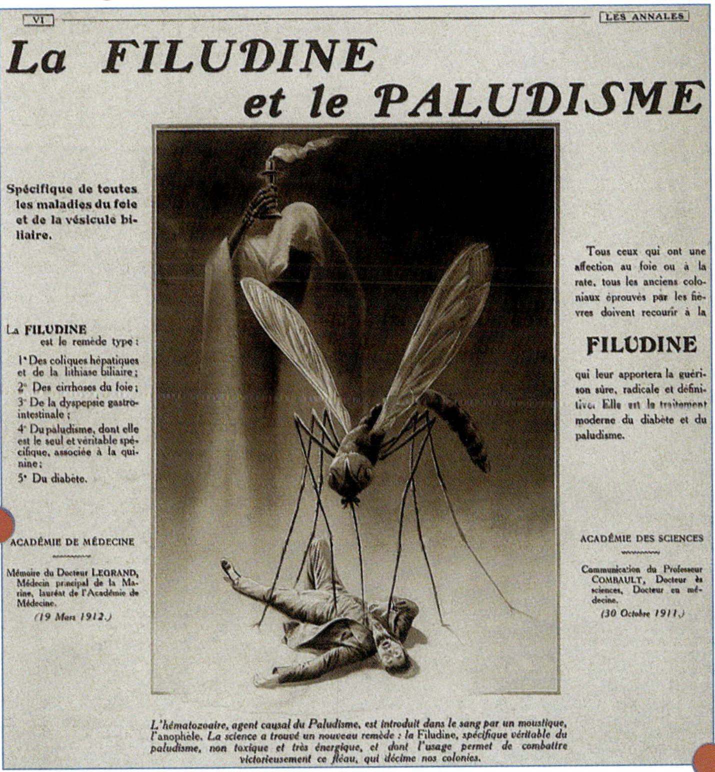
VI LES ANNALES

La FILUDINE et le PALUDISME

Spécifique de toutes les maladies du foie et de la vésicule biliaire.

La **FILUDINE** est le remède type :

1° Des coliques hépatiques et de la lithiase biliaire ;
2° Des cirrhoses du foie ;
3° De la dyspepsie gastro-intestinale ;
4° Du paludisme, dont elle est le seul et véritable spécifique, associée à la quinine ;
5° Du diabète.

ACADÉMIE DE MÉDECINE

Mémoire du Docteur LEGRAND, Médecin principal de la Marine, lauréat de l'Académie de Médecine.
(19 Mars 1912.)

Tous ceux qui ont une affection au foie ou à la rate, tous les anciens coloniaux éprouvés par les fièvres doivent recourir à la

FILUDINE

qui leur apportera la guérison sûre, radicale et définitive. Elle est le traitement moderne du diabète et du paludisme.

ACADÉMIE DES SCIENCES

Communication du Professeur COMBAULT, Docteur ès sciences, Docteur en médecine.
(30 Octobre 1911.)

L'hématozoaire, agent causal du Paludisme, est introduit dans le sang par un moustique, l'anophèle. La science a trouvé un nouveau remède : la Filudine, *spécifique véritable du paludisme, non toxique et très énergique, et dont l'usage permet de combattre victorieusement ce fléau, qui décime nos colonies.*

La Filudine, remède miracle contre le paludisme ? Extrait des *Annales*, juillet 1915.

L'usage massif d'un insecticide, le DTT, découvert par Paul Müller en 1939, a permis d'éliminer les larves d'anophèle dans les pays développés. Mais la maladie reste présente dans les pays du Sud. Les moyens manquent pour rendre les traitements accessibles aux populations les plus pauvres : 500 millions d'êtres humains attendent d'être libérés du paludisme. Plusieurs grands laboratoires sont engagés dans la course au vaccin. Encore faudra-t-il qu'il ne soit pas réservé aux touristes des pays riches...

La poudre de la comtesse

L'histoire remonte au XVIIe siècle, lors de la première colonisation du Pérou par les Espagnols. La comtesse de Chinchon, épouse du vice-roi de Lima, se meurt des fièvres. Un médecin espagnol fait sur elle l'essai d'une poudre dont le pouvoir secret lui a été révélé par un Indien. La comtesse guérit. Dès lors, elle distribue autour d'elle le médicament miracle...

En souvenir de la comtesse, le botaniste suédois Linné, auteur de la première classification systématique des plantes, nomme *Cinchona* le genre auquel appartient le quinquina. De l'écorce du quinquina on extrait la quinine. D'abord considérée comme un tonique général, son action fébrifuge (qui « met en fuite » la fièvre) est cependant connue. Jusqu'au XIXe siècle, les médecins pensent qu'elle ne doit pas être administrée au moment où la fièvre est la plus forte. En Kabylie, le médecin-chef Maillot décide d'agir de manière beaucoup plus rapide et massive : alors que le malade est en pleine crise, il lui fait avaler de la quinine à haute dose. Ce traitement « de cheval » s'avère efficace. En reconnaissance, un village de Kabylie portera le nom de Maillot. Dès lors, la quinine devient l'arme-clé de la conquête coloniale.

Pulvérisation de produit pour détruire les larves de moustiques dans une mare. Afrique du Nord, période coloniale.

FIÈVRES EN TOUT GENRE

« Hippocrate et ses disciples consacrent un long chapitre des *Épidémies* à la classification des fièvres. Le critère retenu est la périodicité des crises : fièvre continue, fièvre quotidienne (qui revient chaque jour sensiblement à la même heure), fièvre tierce (tous les trois jours), fièvre quarte (tous les quatre jours)... Employé au pluriel, le mot désigne, dans l'histoire, un certain nombre de maladies plus ou moins bien définies. Ainsi, Joinville nous dit de saint Louis qu'en décembre 1243 il eut *« fièvre double tierce »*. »

Enterrement lors d'une épidémie. Gravure du XVIIe siècle.

La fièvre de Malte

Maladie humaine aussi ancienne que la pratique de l'élevage *(voir page 6)*, la fièvre de Malte est connue d'Hippocrate. Elle est signalée dans l'île de Malte par des médecins anglais entre 1861 et 1863, d'où son nom le plus courant.

En août 1905, le médecin maltais Themistocles Zammit démontre que la maladie est fréquente chez la chèvre, qui la transmet à l'homme.

Sir David Bruce (1855-1931), découvreur du bacille de la fièvre de Malte, à laquelle a été donné le nom de *brucellose*.

On sait aujourd'hui qu'elle est due à une bactérie, *Brucella abortis capris*, d'où son nom scientifique de « brucellose ». Les éleveurs se contaminent lorsqu'une chèvre atteinte avorte ; les consommateurs de lait et de fromage peuvent à leur tour être contaminés. Il existe d'autres bactéries de type *Brucella abortis* qui atteignent ovins, bovins et porcins.

La fièvre de Malte est fréquente dans les pays où est couramment pratiqué l'élevage de chèvres, notamment ceux qui entourent la Méditerranée. À la suite des travaux de Zammit, on constate que la brucellose est plus généralement répandue qu'on ne l'imaginait jusqu'alors. Entre 1916 et 1930, le nombre de cas de brucellose est tellement élevé en France que l'on envisage le sacrifice total des troupeaux de chèvre.

Aujourd'hui, la maladie peut être exportée par les produits laitiers contaminés, consommés loin de leur lieu de production. Cependant, des législations nationales et internationales très strictes veillent au bon état sanitaire des troupeaux et à l'innocuité des produits.

La fièvre typhoïde

La microbiologie moderne a permis d'identifier un certain nombre de bactéries proches les unes des autres, les *salmonella*. La fièvre typhoïde est la salmonellose humaine la plus grave. Elle semble être connue depuis l'Antiquité, même s'il est peu aisé de la distinguer, sur la base des documents d'époque, parmi un très grand nombre de maladies gastro-intestinales. La première description clinique de la fièvre typhoïde a été faite en 1659 par un anatomiste anglais, Thomas Willis. Mais c'est seulement à partir de 1856 que l'on admet que les excréments humains constituent la source de l'infection ; sa propagation est liée à l'eau potable contaminée par les matières fécales de malades. En 1881, Karl Joseph Eberth découvre le bacille responsable de la maladie.

La fièvre typhoïde sévit de façon endémique dans les pays occidentaux pendant plus de trois cents ans, jusque vers le milieu du XIXe siècle. Mais elle continue de s'y manifester au cours des périodes de guerre et de famine : c'est notamment le cas pendant les guerres de la Révolution et de l'Empire. Lors de la guerre des Boers, en Afrique du Sud (1899-1902), l'armée britannique perd davantage de soldats atteints par la maladie que tués au combat. Pendant la guerre de 1914-1918, les décès sont moins nombreux dans les armées françaises dont les soldats ont été vaccinés que dans les armées allemandes. Pendant la Seconde Guerre mondiale, 57 813 cas sont déclarés en France métropolitaine au sein de la population civile pour 8 122 décès, mais ces chiffres sont probablement inférieurs à la réalité. En 1964, une épidémie se déclare à Aberdeen, en Écosse, due à l'importation de conserves de viande défectueuses en provenance d'Argentine.

La fièvre typhoïde continue de se manifester en divers points du globe. La guerre reste une circonstance favorisante : il suffit que le réseau d'eau potable soit détérioré par des bombardements. C'est ainsi qu'une épidémie se déclare en novembre 1992 lors du conflit dans l'ex-Yougoslavie. La maladie reste endémique dans les pays à bas niveau socio-économique où la vaccination est quasiment inexistante. Trente-trois millions de cas sont encore comptabilisés chaque année : la typhoïde reste un des plus redoutables fléaux de l'humanité.

Pendant la guerre des Boers en Afrique du Sud (1899-1902), une épidémie de fièvre typhoïde a fait davantage de morts que les combats.

Fièvres hémorragiques

La fièvre hémorragique la plus anciennement connue est la fièvre jaune. Comme le paludisme, elle est transmise par un moustique femelle qui ne peut vivre que dans les régions où la température se maintient entre 25 et 30 °C, même la nuit. Endémique autour du golfe du Mexique, des épidémies meurtrières de fièvre jaune ont eu lieu au Portugal et en Italie du sud en 1857, au Sénégal en 1900. On sait aujourd'hui que la maladie est due à un virus qui se multiplie dans le sérum sanguin. Elle se caractérise par des accès de fièvre, des douleurs et des vomissements de sang.

D'autres fièvres provoquées par des virus provoquent elles aussi des hémorragies. Elles ont en commun un certain nombre de symptômes. Après quelques jours d'incubation silencieuse suivant le contact infectant, elles connaissent un début rapide, voire brutal, qui se traduit pas des fièvres accompagnées de violents maux de tête, de douleurs musculaires et articulaires, de nausées… Après trois à cinq jours apparaissent des manifestations hémorragiques ; la mort peut survenir au cours de la deuxième semaine par choc ou hémorragie.

Chacune de ces fièvres a son virus spécifique et son aire géographique particulière : fièvre de Lassa en Afrique, fièvre à virus Junin en Argentine, à virus Sabia au Brésil, à virus Machupo en Bolivie. La plus connue actuellement et la plus meurtrière est due au virus Ebola, transmis à l'homme par le singe. La première épidémie a eu lieu au Soudan et au Zaïre en 1976 ; elle a récidivé en 1995. Une nouvelle épidémie a été signalée au Congo en janvier 2003.

Les réservoirs naturels des virus peuvent être de petits rongeurs vivant à proximité des zones d'habitation, des tiques ou des moustiques. Toutes ces maladies sont d'une contagiosité extrême et provoquent des épidémies au sein même des hôpitaux, atteignant notamment le personnel soignant. Tout cas suspect donne lieu à des mesures d'isolement des malades. La virulence de ces maladies retient particulièrement l'attention des autorités sanitaires mondiales.

Indien marqué du « signe de Romana » : œil tuméfié, ganglion près de l'oreille. Ces signes sont le symptôme de la redoutable maladie de Chagas, fièvre hémorragique propre à l'Amérique du Sud.
Détail d'une œuvre du peintre brésilien contemporain Portinari.

DE LA VARIOLISATION À LA VACCINATION

Jusqu'au XVIIIe siècle, la variole, ou petite vérole, est une maladie des plus mortelles : elle est considérée par certains historiens comme ayant tué le dixième du genre humain. Avant 1800, elle tue annuellement en France de 50 000 à 80 000 personnes. La maladie se manifeste par des boutons donnant des croûtes et laissant de multiples cicatrices chez ceux qui survivent : on parle alors d'un visage « piqué de petite vérole ».

La variolisation

La variolisation consiste à prélever un peu de la croûte ou du pus d'un bouton de varioleux faiblement atteint et à le déposer dans une incision superficielle de la peau d'un sujet sain. Ce traitement assure une immunité totale contre la variole pendant quelques années et comporte peu de risques. Connu des Chinois depuis l'Antiquité, il est introduit en Angleterre au début du XVIIIe siècle ; la France reste réfractaire.

À la fin du XVIIIe siècle, le médecin anglais Édouard Jenner est « variolisateur » rural. Il a constaté que la variolisation ne prend pas sur un certain nombre de vachers qui ont été atteints de vaccine (*cow-pox* en anglais), maladie observée surtout chez la vache. Cette maladie provoque des pustules sur le pis : les fermiers l'attrapent en trayant et présentent des boutons semblables sur les mains.

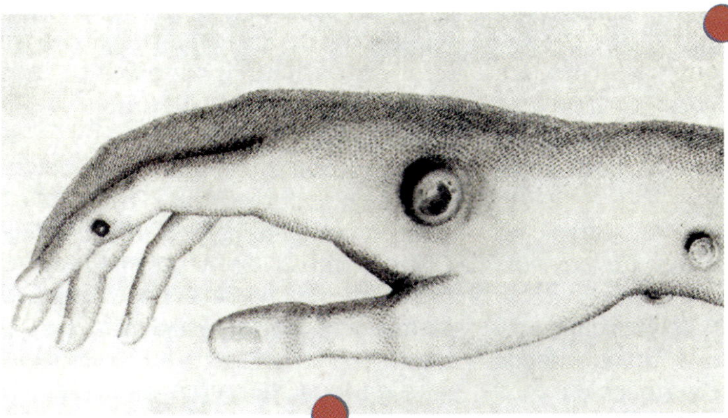

Une main avec pustule variolique. Lorsque la pustule est à maturité, le vaccinateur prélève du pus et l'inocule au sujet qu'il veut immuniser contre la variole.

Le 14 mai 1796, Jenner prélève du pus sur une pustule d'une fermière et l'inocule à un jeune vacher, James Philips. Quelques semaines plus tard, comme il l'a prévu, la variolisation ne prend pas. Après avoir contrôlé ce résultat à de multiples reprises, Jenner publie ses conclusions en 1798, sans pouvoir en expliquer le mécanisme physiologique. Nous savons aujourd'hui que la vaccine est une maladie infectieuse due à un virus morphologiquement identique à celui de la variole humaine.

Première vaccination de Jenner en 1796. Lithographie, vers 1865, d'après un dessin d'Albert Chereau.

Première campagne de vaccination

En 1804, les pouvoirs publics français décident d'agir contre la variole. Des circulaires enjoignent aux préfets d'user de leur autorité pour assurer dans leur circonscription la diffusion massive de la vaccine : la pratique de l'inoculation a pris le nom de la maladie. Sous-préfets, maires et curés sont à leur tour informés. Cette campagne de vaccination s'adresse aux enfants qui sont les plus vulnérables ; des mesures sont prises pour qu'elle soit gratuite pour les pauvres. En l'espace de trois ou quatre ans, 60 à 70 % de la population à risque est ainsi protégée. Force est de constater que, lorsqu'une épidémie de variole sévit dans une région, les vaccinés sont épargnés. Ce succès convainc davantage les sceptiques que les injonctions administratives.

Les réticences sont cependant nombreuses : c'est ce qui ressort d'un certain nombre de rapports dénonçant l'insouciance et l'ignorance des paysans qui tentent de soustraire leurs enfants à l'intervention du vaccinateur. Opposition réelle des ruraux ou dédain des gens de la ville à leur égard ?

De bras en bras

Les résultats d'une campagne de vaccination sont fonction des conditions dans lesquelles elle s'effectue. Il n'existe pas de technique efficace de conservation du fluide vaccin : le « vaccin de conserve » expédié par les autorités, s'il arrive à bon port, ne « prend » pas. La seule technique consiste alors à pratiquer le bras à bras : le vaccinateur prélève le vaccin sur le bras d'un vacciné et l'inocule à un sujet qui ne l'est pas encore. Encore faut-il trouver des volontaires, ce qui n'est pas toujours aisé : il s'agit d'enfants dont il faut convaincre les mères. C'est d'autant plus difficile que la période idéale de prélèvement correspond au moment où l'enfant vacciné a une réaction fébrile.

Le moment opportun pour prélever le pus est le moment où la pustule du vacciné entre dans sa période de maturité. Or celle-ci est variable d'un individu à l'autre : un vaccin immature sera inefficace. Une campagne de vaccination doit donc être soigneusement préparée et respecter un calendrier rigoureux. La première opération consiste à vacciner quelques enfants ou un futur porteur de vaccin. Sept à dix jours plus tard a lieu le prélèvement du fluide vaccin et la vaccination générale du village. Les résultats sont ensuite vérifiés et on revaccine éventuellement ceux pour qui elle a échoué. Seuls quelques médecins font preuve d'une compétence suffisante : en 1812, les douze meilleurs vaccinateurs de France réalisent 34 158 opérations !

Quand un médecin doit intervenir dans un village, le public est informé par voie d'affiche, par le tambour municipal ou le curé en chaire. Les séances de vaccination se déroulent le jour du marché ou le dimanche après la messe. Elle a lieu dans une salle de la mairie ou au presbytère. Encore faut-il que le maire mette de la bonne volonté.

Oppositions et échecs

Au fur et à mesure que les années passent, des oppositions se font jour, parfois motivées par des erreurs ou des échecs. Une période d'intempéries suffit à décourager les bonnes volontés et l'urgence des travaux agricoles l'emporte sur la nécessité de faire vacciner les enfants. Des mères s'opposent à ce qu'un prélèvement soit effectué sur leur enfant : *« Enlever du vaccin à un enfant, c'est lui ravir son bonheur, sa santé. »* L'origine du vaccin ne saurait être entachée d'immoralité : dans une commune du Haut-Rhin, le porteur de vaccin est refusé à cause des mœurs dissolues de sa grand-mère.

Le système de transmission de bras à bras présente des dangers : le vaccin humain finit par dégénérer en se chargeant notamment d'éléments pathogènes. À l'époque, on ignore que l'immunité n'est pas définitive et qu'il faudrait revacciner dix ans après la première inoculation : les premières varioles après vaccine apparaissent dans les années 1820. Vers le milieu du siècle ne circule plus que du vaccin souillé et frelaté : le remède risque de devenir pire que le mal.

En 1865, Chambon crée un institut pour la culture du *cow-pox* sur génisse : la France dispose désormais d'une source abondante et constante de vaccin. La pratique du bras à bras disparaît définitivement lorsqu'en 1902 la vaccination est rendue obligatoire.

Vaccination gratuite contre la variole dans les bureaux du *Petit Journal*, en 1905.

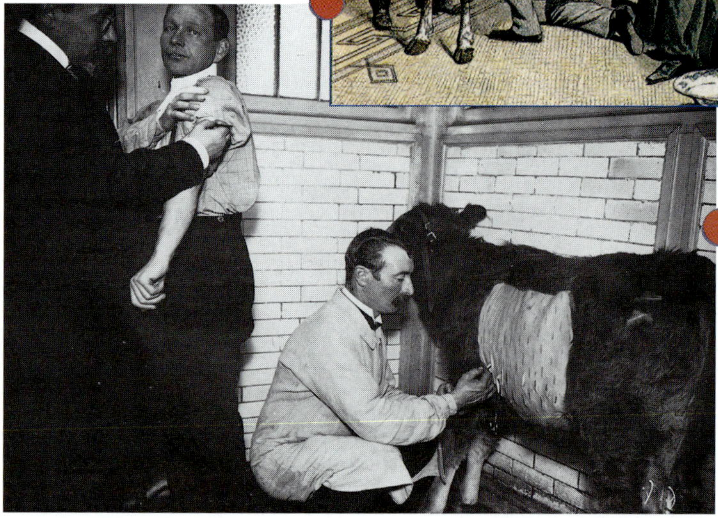

Vaccination contre la variole à Paris, en 1907.
L'assistant prélève le sang d'une génisse porteuse du *cow-pox*.

PASTEUR ET AUTRES « DÉCOUVREURS DE MICROBES »

Au XIXe siècle, les découvertes concernant le monde vivant sont liées à la médecine mais aussi à une branche nouvelle de la chimie, la chimie organique, domaine qui intéresse les industriels. Louis Pasteur en France, Robert Koch en Allemagne et d'autres se rejoignent dans l'étude des micro-organismes, bientôt connus du grand public sous le nom de *microbes.*

Observation des micro-organismes

Vers 1665, l'Anglais Robert Hooke construit un microscope rudimentaire avec lequel il observe des « petites boîtes » qu'il nomme « cellules ». Le marchand drapier hollandais Van Leeuwenhoek fabrique des lentilles lui permettant d'obtenir des grossissements de plus de 300 fois, avec lesquelles il observe des « animalcules » trouvés dans de l'eau stagnante ou dans sa propre bouche. Il est ainsi le premier à observer des protozoaires, des algues et champignons microscopiques, des bactéries. Jusqu'à sa mort en 1723, il poursuit ses recherches sur les micro-organismes, mais refuse de vendre ses microscopes à d'autres.

Portrait de Louis Pasteur (1822-1895), chimiste et biologiste français.

Louis Pasteur (1822-1895) est chimiste. Son travail sur les fermentations l'amène à étudier les micro-organismes. En filtrant l'air, il montre que celui-ci contient des particules organisées : ce sont des spores, formes de résistance, de survie de certaines bactéries. Mises dans un bouillon nutritif stérile, ces spores « germent ». Pour éliminer les spores et les germes qui en sont issus, il procède à un double chauffage à 60 °C, à une journée d'intervalle : le premier pour faire germer les spores, le second pour tuer les germes. Ce procédé, la pasteurisation, sera désormais utilisé pour conserver des liquides alimentaires comme le lait. Quand Pasteur ne peut pas utiliser la chaleur, il filtre ses bouillons de culture avec des « bougies », tubes de porcelaine poreux qui retiennent les bactéries.

L'« invention » du vaccin

Bien qu'il ne soit pas médecin, Pasteur se lance dans l'étude des maladies contagieuses, soupçonnant que, là aussi, des micro-organismes sont peut-être à l'œuvre. En étudiant le choléra des poules, maladie mortelle pour les volatiles, il s'aperçoit, à un retour de vacances, que les vieilles souches ne donnent qu'une forme bénigne de la maladie. Par souci d'économie, il utilise les poules survivantes pour tester une culture récente. Les poules survivent de nouveau : elles ont été « immunisées » par la souche vieillie, atténuée.

Pasteur dans son laboratoire. Tableau d'Edelfert, 1885. [Musée d'Orsay, Paris]

Il donne à celle-ci le nom de *vaccin,* établissant ainsi une corrélation avec la vaccine de Jenner. Dès lors, il applique le procédé d'atténuation à la mise au point d'un vaccin contre la maladie du charbon chez le mouton, puis d'un autre contre le rouget du porc.

Le vaccin contre la rage

Au même moment, Pierre-Victor Galtier (1842-1908), professeur à l'école vétérinaire de Lyon, travaille très activement sur la rage. En 1882, il montre que l'on peut immuniser contre elle un ruminant : il injecte par voie intraveineuse à un animal sain de la bave d'animal infecté, sans atténuation.

De son côté, Pasteur n'arrive pas à cultiver l'agent infectieux de la rage sur les milieux qui lui servent habituellement pour les bactéries. Il ne le voit pas au microscope et il ne peut pas le retenir avec les bougies de porcelaine poreuse : il le désigne par l'expression « virus filtrant ». Il arrive à le conserver en inoculant de la moelle épinière de chien infecté dans la moelle épinière de chien sain. Pour atténuer le virus, il a l'idée d'exposer des moelles infectées à l'air sec : la virulence disparaît et l'injection à un chien sain le protège d'une infection ultérieure. Pasteur pense aussi qu'il peut appliquer son vaccin à un être vivant qui vient d'être mordu, car la multiplication du virus prend plusieurs jours : le vaccin a peut-être le temps de développer sa protection.

Avant même d'avoir tous les résultats de l'expérimentation animale, Pasteur prend le risque de tenter de sauver un jeune berger alsacien,

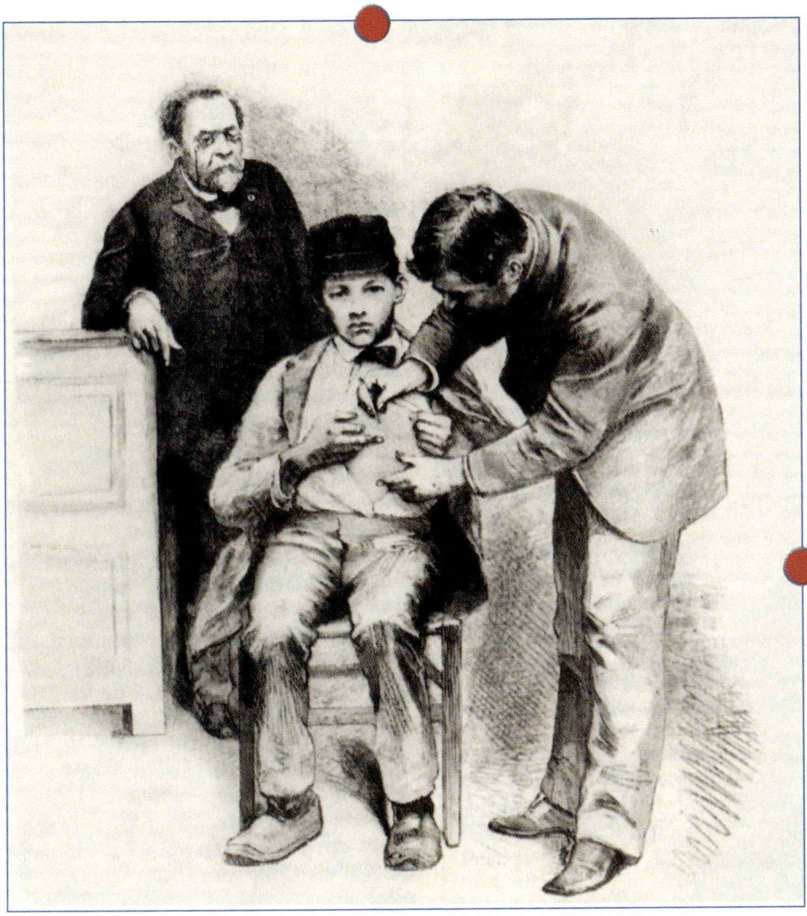

Vaccination contre la rage du berger Jupille, dans le laboratoire de Louis Pasteur. Celui-ci (à l'arrière-plan) assiste à l'opération. Couverture de *L'Illustration*, 7 novembre 1885.

Joseph Meister, mordu par un chien enragé. Il pratique sur lui deux fois par jour, pendant dix jours, une injection avec une moelle infectée de moins en moins atténuée. L'enfant guérit de la rage. Le 6 novembre 1885, Pasteur annonce son succès à l'Académie des sciences.

L'expansion de la microbiologie

Robert Koch (1843-1910), médecin, est pour l'Allemagne ce que Louis Pasteur est pour la France. Il étudie les cellules actives et les spores de la bactérie du charbon. Il met au point des milieux solides pour la culture des bactéries et perfectionne la méthodologie qui permet de les isoler les unes des autres ; il use de différents colorants pour les différencier à l'examen microscopique. Il identifie le bacille de la tuberculose qui porte désormais son nom *(voir page 70)*. Il effectue des recherches sur le vibrion du choléra *(Vibrio cholerae)* et divers travaux sur le paludisme, la fièvre typhoïde et la maladie du sommeil. Pour l'ensemble de son œuvre, Robert Koch obtient, en 1905, le prix Nobel de médecine.

Sur le plan méthodologique, Koch formule « *quatre postulats qui permettent d'associer un organisme particulier à une maladie spécifique :*
- l'organisme responsable de la maladie doit toujours être trouvé dans le corps de l'animal malade ;
- cet organisme doit être isolé en culture pure ;
- l'inoculation d'un échantillon de culture à un animal sensible mais en bonne santé doit permettre de reproduire la maladie ;
- le micro-organisme responsable doit être retrouvé dans le corps de l'animal inoculé ».

Les principes énoncés par Koch ne sont pas toujours faciles à appliquer. Ainsi, lors de la recherche de l'agent responsable de la fièvre typhoïde, les scientifiques ont beaucoup de difficultés à l'isoler du fait de l'abondance et de la diversité des micro-organismes qui constituent la flore intestinale. C'est en étudiant les modifications des tissus lymphatiques que le médecin d'origine bavaroise Karl Joseph Eberth découvre en 1881, dans des coupes de ces tissus - et non dans l'intestin -, le bacille responsable de la maladie. Et ce n'est qu'en 1884 que Georg Gaffky réussit à isoler le bacille typhique à partir de matières fécales.

Portrait de Robert Koch (1843-1910), médecin et microbiologiste allemand.

AGENTS INFECTIEUX ET MOYENS DE LUTTE

Les progrès effectués depuis 1880 dans le domaine de la microbiologie ont permis de distinguer les différentes sortes d'agents susceptibles d'infecter l'organisme humain et de provoquer une maladie. Certains d'entre eux ne déclenchent aucun symptôme chez des individus qui en sont porteurs : ces « porteurs sains » peuvent cependant transmettre la maladie.

La biochimie a mis à la disposition de la médecine des moyens de lutte efficaces. La génétique, secteur de recherche le plus novateur aujourd'hui, ouvre de nouvelles pistes.

Virus et bactéries

Les virus sont les êtres les plus petits du monde vivant : leur dimension varie de 20 à 300 nanomètres (milliardièmes de mètre). Formés de matériel génétique (ADN et ARN) « encapsulé » dans une enveloppe protéique, les virus ne possèdent pas les enzymes qui seraient nécessaires à leur développement : ils empruntent ceux d'une cellule hôte à l'intérieur de laquelle ils vivent nécessairement et s'y reproduisent.

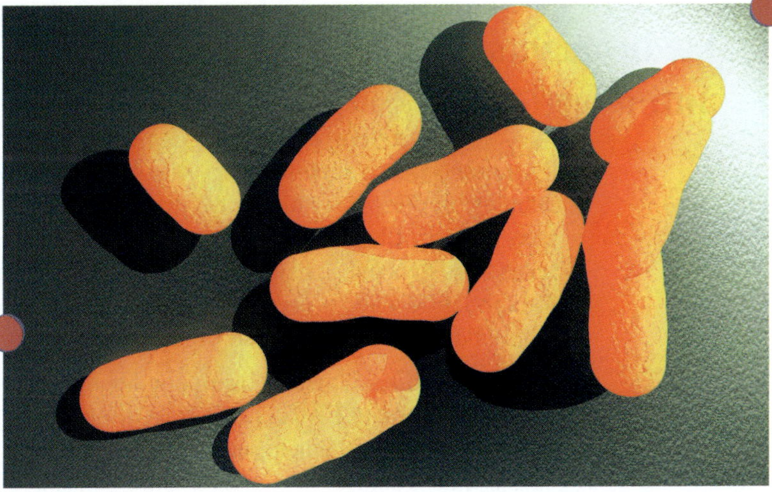

Infographie 3D du bacille *Yersinia pestis*, agent infectieux de la peste.

Les bactéries sont des organismes unicellulaires dont les dimensions sont comprises entre 2 et 10 micromètres (millionièmes de mètre). Ce sont des procaryotes : leur matériel génétique, de l'acide désoxyribonucléique (ADN), n'est pas inclus dans un noyau. Quand les conditions de survie deviennent difficiles, certaines bactéries forment des spores très résistantes à différents agents antiseptiques, physiques ou chimiques. C'est pour cela que les stérilisations dans les hôpitaux et les laboratoires d'analyse médicale s'effectuent à au moins 110 °C. Les bactéries peuvent être cultivées sur des milieux nutritifs artificiels.

Eucaryotes

Un certain nombre d'agents infectieux parmi les plus répandus et les plus mortifères sont des organismes unicellulaires eucaryotes, le plus souvent des protozoaires, cellules pourvues d'un noyau entouré d'une membrane qui contient le matériel génétique. La plupart d'entre eux présentent plusieurs formes cellulaires différentes selon leur cycle de développement. Ces formes peuvent être hébergées par des hôtes différents et ne provoquent une maladie que chez l'un d'eux. Il en est ainsi, par exemple, pour les différentes espèces de plasmodium responsables du paludisme qui présentent deux formes cellulaires différentes suivant qu'ils sont hébergés par des moustiques ou dans les globules rouges de l'être humain.

Le trypanosome, responsable chez l'homme de la maladie du sommeil, est propagé par la mouche tsé-tsé. La leishmaniose, autre terrible fléau des pays tropicaux, est également une maladie provoquée par un protozoaire. Quant à la bilharziose, qui sévit en Afrique et en Asie, elle est produite par un ver, animal pluricellulaire.

Médicaments anti-infectieux

Dans l'évolution, la lutte pour la survie a fait apparaître des mécanismes de défense au sein même des organismes. Beaucoup de bactéries et de champignons microscopiques sécrètent des substances leur permettant de lutter contre les organismes d'autres espèces leur faisant concurrence. Ces substances, appelées *antibiotiques*, constituent le système de défense le plus primitif. Chez les batraciens, les cellules de la peau sécrètent de telles substances. La pénicilline a été découverte en 1928 par Alexander Fleming : produite par un champignon, c'est le premier antibiotique qui ait été utilisé comme médicament humain.

Les antibiotiques n'agissent que sur les bactéries. Aussi est-il vain de les utiliser dans une affection virale. Il existe un antiviral naturel, l'interféron, mais son emploi entraîne un grand nombre d'effets secondaires indésirables : on n'a essayé de l'utiliser que pour des maladies graves comme l'hépatite C. Pour traiter le virus du sida, il faut associer un mélange de trois molécules (trithérapie : *voir page suivante*).

Il existe des substances qui agissent contre les champignons microscopiques, contre les vers ou contre certains protozoaires : ainsi, la quinine permet-elle de détruire le plasmodium du paludisme *(voir pages 50-52)*.

Sir Alexander Fleming (1881-1955), bactériologiste britannique. Il découvrit la pénicilline en 1928. Prix Nobel de médecine, 1945. Photographie coloriée prise vers 1940.

Les vaccins

Dans l'évolution, il est apparu chez les animaux supérieurs un autre système de défense très perfectionné, le système immunitaire.

Le système immunitaire garde en mémoire les différents agents qui ont agressé l'organisme, ce qui lui permet de réagir plus vite quand ces agents se présentent de nouveau. C'est cette propriété qu'on exploite avec les vaccins. Un vaccin prépare le système à réagir beaucoup plus rapidement et efficacement quand un agent provoquant une maladie grave se présente. Il suffit d'inoculer une forme atténuée de cet agent. Cette atténuation est obtenue par différentes techniques, par exemple l'action de la chaleur.

Actuellement, on essaie de purifier les éléments qui provoquent la réaction la plus forte : ainsi les vaccins sont plus efficaces et présentent moins d'effets secondaires néfastes. Mais ils coûtent beaucoup plus cher.

Défenses en échec

Les agents infectieux s'adaptent aux défenses qu'on leur oppose, grâce à des mutations dans leur patrimoine génétique. Cela oblige à trouver sans cesse de nouveaux antibiotiques. Aussi faut-il ne pas « gaspiller » les antibiotiques et ne les utiliser que lorsque c'est indispensable.

La grande mutabilité de certains virus met encore plus en défaut les systèmes de défense. Cela est vrai en particulier pour le vaccin contre la grippe que l'on doit adapter à chaque début d'hiver. La lutte contre le sida se heurte à la même difficulté, ce qui oblige à associer plusieurs médicaments afin que le virus du sida ne devienne pas résistant au traitement. C'est le principe de la trithérapie : les deux premiers médicaments bloquent la division des cellules, donc celle du virus qui les parasite. On utilise en second lieu des produits qui inhibent une substance indispensable à la fabrication du virus.

Les différentes formes cellulaires des agents infectieux eucaryotes rendent également les systèmes immunitaires inefficaces. C'est pourquoi les recherches de vaccins contre le paludisme n'ont pas encore abouti.

Culture du virus de la grippe sur des œufs de poule : prélèvement des embryons en vue de la préparation du vaccin. Institut Pasteur, Paris.

LA TRÈS LONGUE HISTOIRE DE LA TUBERCULOSE

S'il est une maladie qui allie longue durée historique et modernité, c'est bien la tuberculose. Remontant à la haute Antiquité, elle a fortement marqué la mémoire collective des populations occidentales : il y a à peine plus d'un demi-siècle, en France, elle restait largement mortelle. Sa résurgence actuelle rappelle dramatiquement cette proximité temporelle et spatiale. L'étude de sa très longue histoire constitue un exemple particulièrement signifiant par l'ampleur du fléau et les peurs qu'il engendre, par l'efficacité des moyens mis en œuvre, mais aussi par la fragilité de l'œuvre accomplie.

Une maladie infectieuse ?

La tuberculose doit son nom aux lésions appelées « tubercules », présentes plus spécialement dans la forme pulmonaire de la maladie, observées en 1679 par un Français installé aux Pays-Bas, Le Boë. Avant lui, on parlait de « peste blanche »... expression révélatrice de la gravité de la maladie et de la crainte qu'elle inspirait. Elle a ensuite été appelée « phtisie », mot d'origine grecque signifiant *dépérissement*.

L'étude de la tuberculose - la phtisiologie - commence avec Hippocrate et ses disciples. À la fin du Ier siècle, le médecin grec Arétée de Cappadoce en décrit les symptômes : fièvre modérée mais continue, perte progressive des forces, aspect vivant du cadavre avec des pommettes colorées et saillantes, des yeux brillants au fond des orbites.

En 1546, Girolamo Fracastor classe la phtisie parmi les maladies infectieuses, comme la syphilis. Il soupçonne l'existence d'un *Seminaria contagionis* (germe de la contagion), mais il ne dispose pas des moyens de l'observer. Il pense que la maladie est héréditaire, erreur qui mettra très longtemps à être corrigée. En 1722, Benjamin Marten évoque la présence d'un « *animalcule hostile* [...] *pouvant se transmettre par la respiration* ». En Italie et en Espagne, des mesures sont prises dès la fin du XVIIe siècle pour protéger les populations contre la propagation de la maladie.

Observation clinique

En 1801, René Laennec (1781-1826) s'installe à Paris. Il acquiert une réputation qui lui attire une clientèle de plus en plus nombreuse. Inventeur du stéthoscope *(voir encadré)*, il améliore les conditions d'examen des patients, notamment pour les affections pulmonaires et cardiaques. Il démontre « *l'unicité de la matière tuberculeuse, d'abord grise et semi-transparente, ensuite jaune et opaque, puis purulente* ». Il constate qu'« *il n'est aucun organe qui soit exempt du développement de tubercules* » et en dresse la liste. Il est convaincu qu'il s'agit d'une maladie infectieuse, mais ne la croit pas contagieuse.

En 1865, Jean Antoine Villemin démontre le caractère transmissible de la tuberculose. Il affirme en outre qu'elle n'est pas héréditaire : ce qui a pu le laisser croire, c'est la contagion précoce des enfants dans le milieu familial.

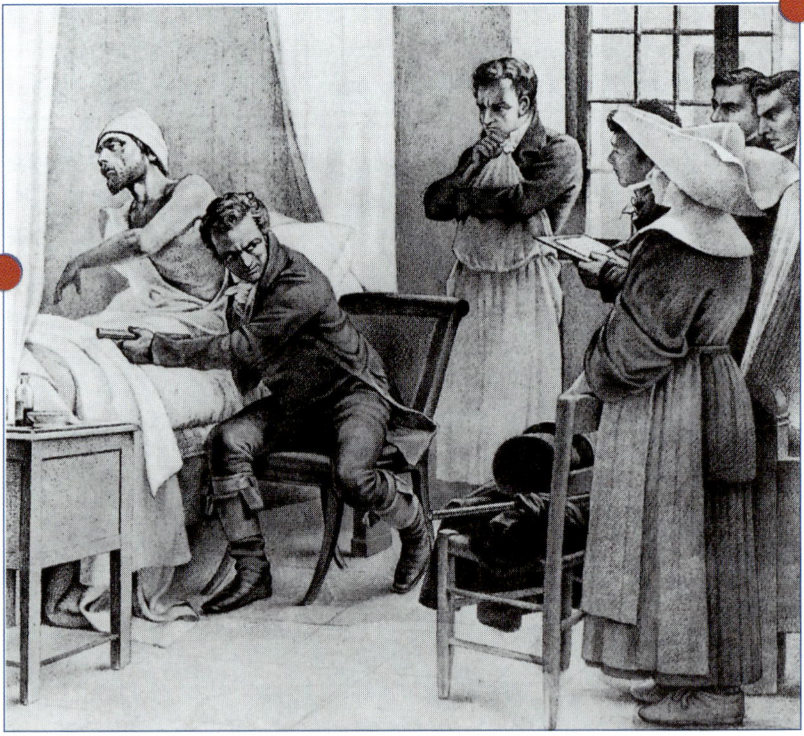

À l'hôpital Necker, à Paris, le médecin français René Laennec ausculte un phtisique. Tableau de Théobald Chartron, 1816. [Musée de l'Assistance publique, Hôpitaux de Paris]

Le bacille de Koch

En 1881, le médecin allemand Robert Koch entreprend des études sur la tuberculose. Il démontre qu'elle est causée par une bactérie et qu'elle est transmissible. Le 24 mars 1882, il présente ses résultats à la Société physiologique de Berlin. Dès lors, la bactérie responsable de la tuberculose sera pour la postérité le « bacille de Koch ».

L'invention du stéthoscope

« Je fus consulté, en 1816, pour une jeune personne qui présentait des symptômes généraux de maladie du cœur, et chez laquelle l'application de la main et la percussion donnaient peu de résultat en raison de l'embonpoint. L'âge et le sexe de la malade m'interdisant l'espèce d'examen dont je viens de parler, je vins à me rappeler un phénomène d'acoustique fort connu : si l'on applique l'oreille à l'extrémité d'une poutre, on entend très distinctement un coup d'épingle donné à l'autre bout. J'imaginai que l'on pouvait peut-être tirer parti, dans le cas dont il s'agissait, de cette propriété des corps. Je pris un cahier de papier, j'en formai un rouleau fortement serré dont j'appliquai une extrémité dans la région précordiale, et posant l'oreille à l'autre bout, je fus aussi surpris que satisfait d'entendre les battements du cœur d'une manière beaucoup plus nette et plus distincte que je ne l'avais fait par l'application immédiate de l'oreille. »

René Laennec.
Traité de l'auscultation médiate et des maladies des poumons et du cœur,
tome I, 1826.

Un des premiers stéthoscopes inventé par Laennec en 1816.

Maintenant que l'agent est identifié, il reste, affirme Koch, « *à tarir les sources d'où dérive l'infection. Une de ces sources, et la principale certainement, est l'expectoration des phtisiques, qu'il faut s'appliquer à désinfecter et à rendre inoffensive* ». Cracher est désormais considéré comme un acte dangereux.

À partir de 1891, la communauté médicale cesse de parler de phtisie : il ne sera plus question désormais que de tuberculose.

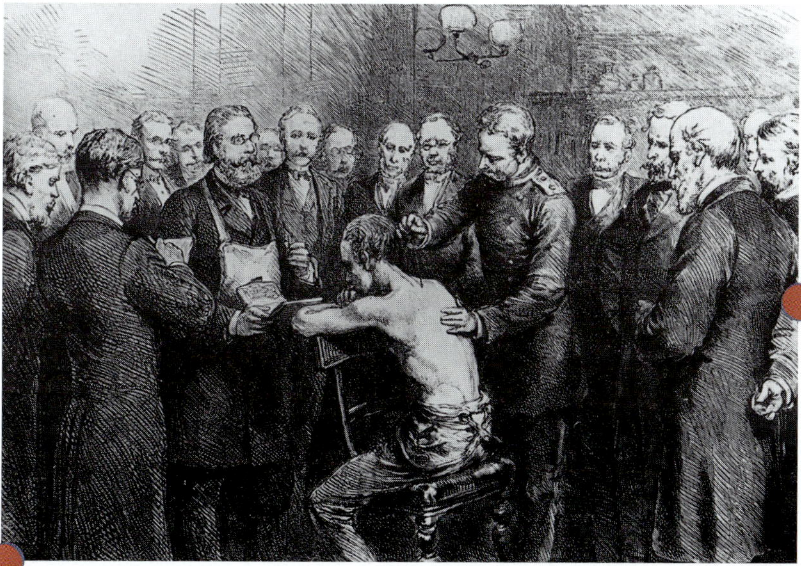

À l'Hôpital Royal de Berlin, Robert Koch soigne un malade atteint de tuberculose. Gravure du XIXe siècle.

LA TUBERCULOSE, MALADIE SOCIALE

Le paroxysme de la tuberculose coïncide à quelques années près avec le moment où la science médicale et biologique prend son essor. Un tel fléau ne peut laisser indifférents ceux pour qui l'expansion de l'industrie et les conquêtes scientifiques constituent les bases du Progrès. La lutte contre la tuberculose devient un défi à relever pour les autorités politiques et sanitaires de pays en plein développement. C'est le cas de la France.

La tuberculose, épidémie urbaine

En Europe, la tuberculose prend une forme épidémique au moment où augmente la densité des populations urbaines ; elle se dissémine sur l'ensemble de la planète à la faveur de l'émigration européenne vers le Nouveau Monde et des conquêtes coloniales. Au XVIIIe siècle et au début du XIXe, elle est la première cause de mortalité en Europe occidentale et en Amérique du Nord. Elle gagne l'Afrique subsaharienne et l'Inde après 1880, lorsque s'y intensifie la colonisation.

Les taudis de Londres, extrait de *« Au-delà de Londres par le train »*. Eau-forte de Gustave Doré, 1870.

La phtisie sévit dans la ville industrielle, frappant plus spécialement les populations ouvrières massées dans des quartiers insalubres. Pour la bourgeoisie dominante, le prolétaire est considéré comme responsable de sa misère ; phtisique, il apparaît davantage comme un danger public que comme un sujet de compassion. Seuls les sociétés mutualistes et les syndicats (dont l'existence légale n'est reconnue en France qu'en 1884) se préoccupent des conditions de travail et de vie des familles ouvrières.

Un traitement social de la maladie

En 1889 se tient, dans le cadre de l'Exposition universelle de Paris, un Congrès international d'hygiène. Pour la première fois, des médecins envisagent la question de l'aide médicale aux personnes socialement défavorisées. En 1893, Paul Juillerat crée, à la préfecture de la Seine, le service du « casier sanitaire des maisons de Paris » : il faut se rendre à l'évidence, il y a *« des murs qui tuent »*. Une loi de 1894 envisage des aides financières pour favoriser la construction d'habitations ouvrières correspondant aux normes d'hygiène désormais en vigueur.

Albert Calmette (1863-1933), dans son laboratoire de l'Institut Pasteur de Lille où, avec Camille Guérin, il a « inventé » le BCG.

En 1901, le docteur Albert Calmette implante à Lille, ville qui compte 6 000 malades indigents, le premier dispensaire antituberculeux. À Paris, Léonie Chaptal crée une maison-école d'infirmières privées formées aux visites à domicile : le but est de lutter contre la tuberculose chez le malade même. Votée en 1916, la loi Bourgeois oblige les départements à créer des dispensaires antituberculeux et à y rattacher des infirmières spécialisées. La Fondation Rockefeller organise la « Mission américaine de préservation contre la tuberculose ». Dotée de puissants moyens, elle ouvre des dispensaires et subventionne des écoles d'infirmières. Elle est relayée en 1922 par le « Comité national de défense contre la tuberculose ». La « défense sanitaire » est mise sur le même plan que la « défense nationale ».

Grand air et hygiène

Les membres des classes aisées n'échappent pas à la maladie. Mais leur fortune leur confère des moyens de tenter d'y échapper et, s'ils sont atteints, quelques chances de plus de survivre. À partir des années 1860, grâce notamment au développement des réseaux de chemin de fer, les classes aisées « inventent » le tourisme thermal et balnéaire. Les séjours en moyenne montagne sont recommandés par les médecins pour les malades anémiés et notamment pour ceux qui sont atteints de maladies pulmonaires. Des lieux particulièrement bien exposés accueillent les premiers établissements de soins et de cure (sanatoriums) pour les personnes atteintes de tuberculose.

Des stations balnéaires se mettent sur les rangs pour soigner les tuberculeux, même si certains médecins estiment que l'air marin leur est nocif. On privilégie la prévention, en créant des structures réservées aux enfants susceptibles de contracter la maladie (préventoriums) : en leur faveur, la climatothérapie prend une dimension sociale.

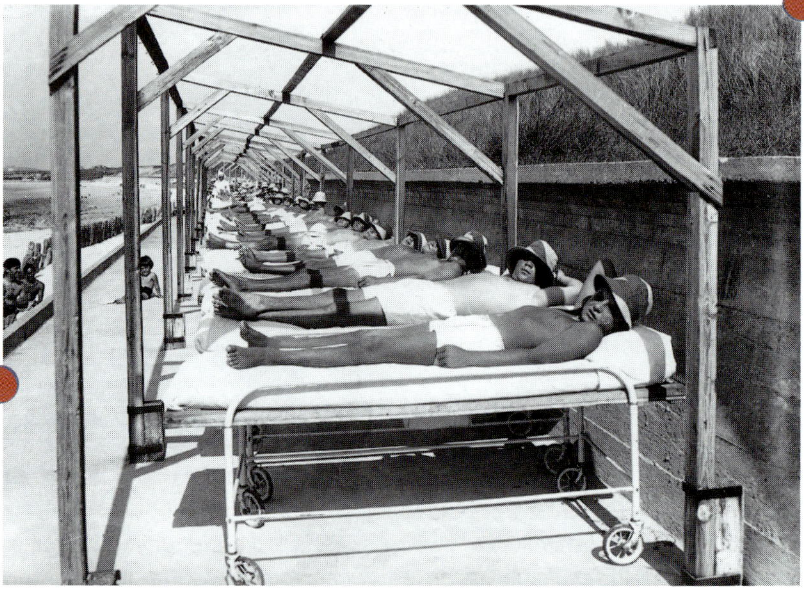

Sieste obligatoire au sanatorium de Roscoff (Finistère). La galerie sous laquelle s'alignent les chariots a été aménagée sur la plage même.

Arcachon, capitale de la thalassothérapie

Installé à Arcachon en 1882, le docteur en médecine Fernand Lalesque conseille au malade la cure de plein air et de repos ; il se fait le champion de la thalassothérapie pour les tuberculeux. Il préconise notamment la « cure de barque » : « [...] *ou bien le bateau, ancré à quelques encablures du rivage, berce doucement le malade pendant de longues heures, ou bien la barque, mise en marche par la rame ou poussée par ses voiles, promène le malade abrité du soleil par un simple parasol, protégé des embruns et du vent par un capot de bure.* »

Avec son ami l'architecte Marcel Ormières, Lalesque conçoit en 1896 un modèle idéal de villa. Celle-ci doit être facile à désinfecter : angles arrondis, absence de tentures et de rideaux, mobilier réduit au minimum. Bientôt est créé un laboratoire municipal d'hygiène chargé d'organiser les désinfections ; même les livres doivent être aseptisés...

GUÉRIR DE LA TUBERCULOSE

La lutte contre la tuberculose est un enjeu majeur de la recherche scientifique et médicale de la première moitié du XXe siècle. Elle aboutit à une incontestable victoire dans les pays les plus développés. Mais la maladie reste endémique dans les pays du tiers monde. Son retour offensif dans les dernières années du XXe siècle, même dans les pays riches, n'est pas sans inquiéter les autorités sanitaires mondiales.

Des moyens efficaces de diagnostic

Après Pohl Pincus qui l'a découverte dès 1884, Robert Koch publie en 1890 un article sur la tuberculine, « *une substance dont l'effet est de rendre les animaux de laboratoire résistants à l'inoculation du bacille tuberculeux, et, dans le cas d'animaux déjà infectés, d'arrêter le processus tuberculeux* ». Cette information offre un immense espoir aux malades : nombreux sont ceux qui affluent à Berlin pour se faire soigner par l'illustre médecin. En fait, le traitement est vite abandonné : non seulement il s'avère inefficace, mais en outre il fait de nombreuses victimes. La réputation de Robert Koch s'en trouve ternie. Par contre, vingt ans plus tard, au moment où se mettra en place la vaccination par le BCG *(voir page suivante)*, la tuberculine utilisée pour la « cuti-réaction » servira à distinguer les sujets porteurs du bacille de Koch de ceux qui ne le sont pas.

En 1895, le physicien allemand Wilhelm Conrad Röntgen découvre des rayons, qu'il baptise *X*, capables de traverser des corps opaques et d'impressionner une plaque photographique : la radiographie est inventée. Il est désormais possible de voir et d'observer les lésions tuberculeuses du poumon ou du squelette.

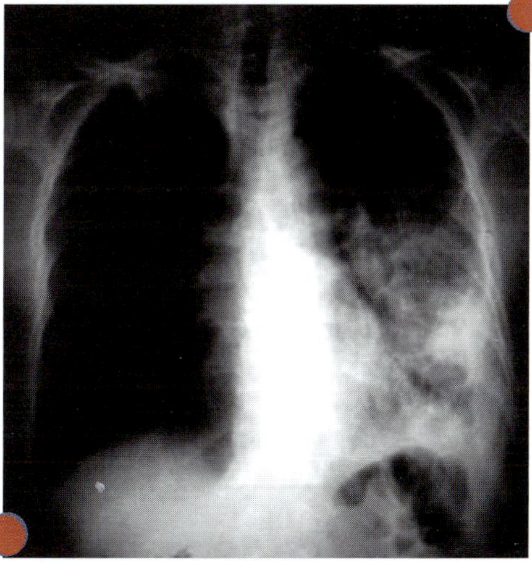

Radiographie pulmonaire d'un tuberculeux.

Le bacille de Calmette et Guérin

1899 : Waldeck-Rousseau, président du Conseil de la IIIe République, est préoccupé par la faiblesse démographique de la France due notamment à une forte mortalité à laquelle la tuberculose contribue pour une large part. Il charge le docteur Albert Calmette d'accélérer les recherches qu'il mène pour tenter de trouver un vaccin contre cette maladie. Calmette travaille en collaboration avec un docteur vétérinaire, Camille Guérin. Tous deux constatent qu'« *une seule contamination peu intense* [d'un animal] *détermine, en général, une infection qui reste bénigne et qui confère une résistance manifeste* » à de nouvelles infections.

Le 1er juillet, deux pédiatres, Benjamin Weill-Hallé et Raymond Turpin, prennent la responsabilité de vacciner un nouveau-né dont la mère est morte de tuberculose peu après l'accouchement et qui est élevé par sa grand-mère également tuberculeuse. L'enfant ne développe pas la maladie. La vaccination par le bacille de Calmette et Guérin, désormais connu par son sigle *BCG,* est proposée dès 1923. Les résultats sont régulièrement suivis au cours des décennies suivantes ; en 1945, les autorités sanitaires estiment que l'efficacité du BCG est démontrée. La vaccination devient obligatoire en France puis dans d'autres pays à partir de 1950.

Des médicaments pour guérir

À partir de 1939, Waksman et son équipe entreprennent une étude systématique des actinomycètes, bactéries présentes dans le sol. En 1943, ils ont déjà isolé et étudié plus de 100 000 de ces micro-organismes et les produits que sécrètent 10 000 d'entre eux. Ils comptent ainsi trouver des substances actives sur les bactéries contre lesquelles la pénicilline, antibiotique récemment découvert, est sans action ; c'est le cas du bacille de Koch. En 1943, avec ses collaborateurs Albert Schatz et Élisabeth Bugie, ils obtiennent la streptomycine qu'ils inoculent à dix cobayes infectés par le bacille : l'expérience est concluante. Dès lors commencent les essais sur l'homme. En 1945, un premier bilan, portant sur 34 malades, confirme l'efficacité de la streptomycine dont la prescription devient courante. En France, la mortalité par tuberculose passe de 33 699 cas en 1946 à 15 692 cas en 1953.

L'usage massif de la streptomycine présente un grave inconvénient : elle est toxique pour l'appareil auditif et provoque des troubles de l'équilibre. À partir de 1949, elle est utilisée conjointement avec le PAS, acide para-aminosalicylique, autre médicament antibactérien. En 1952, on ajoute l'isoniazide, « *un vieux produit* [...] *oublié* [...] *dans l'armoire des chimistes* » : celui-ci s'avère beaucoup plus efficace que la streptomycine. Entre 1965 et 1967, on découvre une autre molécule également très efficace, la rifampicine. Plus récemment, l'industrie pharmaceutique met au point d'autres produits antituberculeux, les fluoroquinolones.

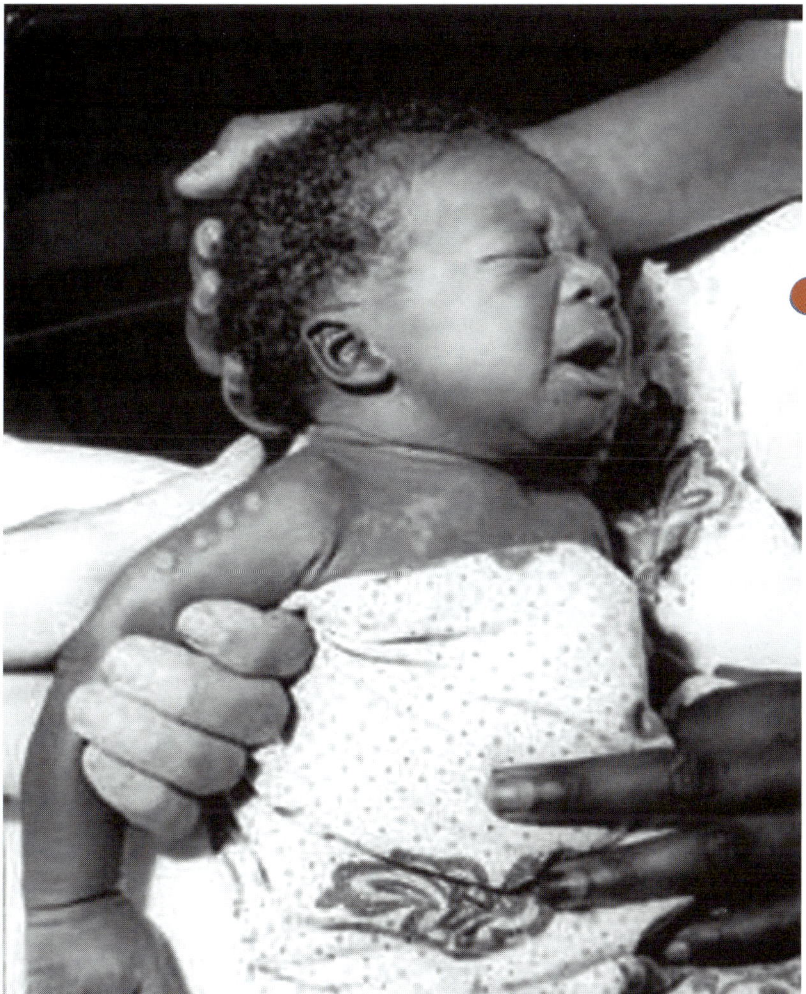

Vaccination d'un nourrisson par le BCG, en Afrique.

Longue marche vers la guérison

Octobre 1954. Après les grandes vacances passées dans son village natal où ses parents tiennent un bar fréquenté par des clients nombreux, Jackie D. poursuit sa scolarité comme élève interne à l'École normale d'Institutrices. Lors de la visite médicale, le radiologue remarque une tache suspecte au poumon gauche. Jackie est renvoyée chez elle afin que le médecin de famille fasse procéder à des examens complémentaires. Le phtisiologue, médecin spécialiste, confirme le diagnostic : Jackie est atteinte de tuberculose pulmonaire. Il ordonne un premier séjour au lit complet de cinq semaines et commence un traitement associant streptomycine et PAS.

De cinq semaines en cinq semaines, le séjour au lit se prolonge avec, pour seule activité permise, la lecture... Durant cette longue période, Jackie ne reçoit comme visites que celles du médecin qui la soigne et du prêtre de la paroisse : une mise en quarantaine de fait, qui en dit long sur la crainte des habitants du village de fréquenter une « poitrinaire », pourtant non contagieuse étant donné le traitement.

En juin 1955, les examens radiologiques permettent de constater une cicatrisation des lésions du poumon gauche, mais de très importants foyers infectieux à droite. Les médecins s'accordent sur la nécessité d'une opération : un chirurgien procède à une lobectomie, ablation d'une grande partie du poumon droit. L'hospitalisation dure un mois.

Jackie est envoyée en convalescence dans un sanatorium, en Haute-Savoie. Pendant six mois, elle est en « cure intégrale »... c'est-à-dire qu'elle est encore contrainte à rester au lit toute la journée. Périodiquement, des tubages permettent de contrôler qu'il n'y a plus de BK (bacilles de Koch). Les six mois suivants sont consacrés à une « postcure » : au sanatorium, Jackie reprend progressivement quelques activités et peut notamment passer son CAP d'institutrice.

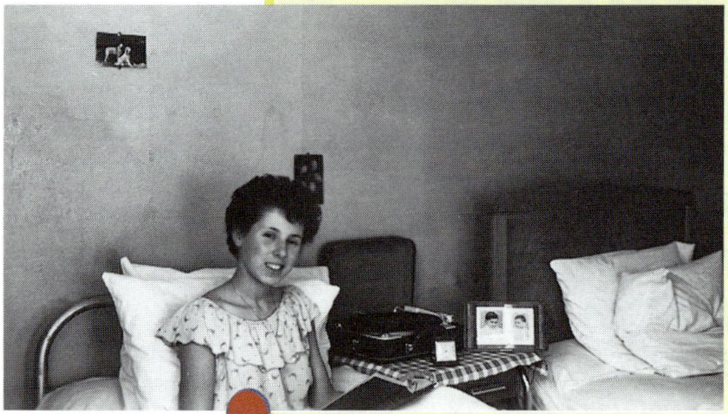

Jackie au sanatorium de Saint-Jean d'Aulph (Haute-Savoie).

Juillet 1956. Jackie sort enfin du sanatorium : elle est considérée comme guérie. En septembre, elle est nommée pour un an institutrice dans un aérium-préventorium... au bord du Bassin d'Arcachon. Pendant quelques années, elle est soumise à des examens médicaux de contrôle.

Depuis sa guérison, Jackie mène une vie personnelle et professionnelle normale : épouse, mère de trois enfants, institutrice aujourd'hui retraitée, grand-mère. De sa maladie, elle garde volonté et bonheur de vivre.

L'ÉTERNEL RETOUR DE LA GRIPPE

La révélation de l'apparition d'une forme nouvelle de pneumopathie, dite *atypique,* au printemps 2003 *(voir page 4)* a fait l'effet d'une bombe au sein des sociétés dites postindustrielles. L'annonce, à grand renfort de médias, des premiers cas mortels a provisoirement fait oublier une maladie des plus banales, mais parfois très meurtrière, la grippe. Au plus fort de l'émotion générale, il s'est trouvé quelques esprits clairvoyants pour rappeler qu'au cours d'un prochain hiver pourrait survenir une épidémie de cette maladie qui causerait de par le monde la mort de millions de personnes.

La grippe et ses complications

L'expression *« j'ai la grippe »*, employée souvent à tort pour un simple rhume, fait oublier le caractère parfois très grave de la maladie. En effet, celle-ci s'accompagne fréquemment de « complications » provoquées par des bactéries qui « profitent » de l'affaiblissement du malade. L'histoire a gardé, depuis le Moyen Âge, la trace de nombreuses épidémies : en 1658, la grippe a été accompagnée de dysenteries, en 1775 de troubles hépatiques, en 1859 de suites nerveuses... La croissance urbaine et le développement de transports de plus en plus rapides ont accru le caractère de masse de la maladie et sa vitesse de propagation. En 1889, la *Grande Encyclopédie* signale que celle-ci *« atteint parfois la vitesse d'un train express »*.

Depuis les années 1930, on sait que le germe de la maladie est un virus. Des études plus récentes ont réussi à en différencier divers types, A, B ou C. Des mutations génétiques interviennent sans cesse et les laboratoires doivent identifier chaque année les nouvelles souches et inventer continuellement de nouveaux vaccins antigrippaux. La France a rendu obligatoire et gratuite la vaccination des personnes âgées de plus de soixante-cinq ans.

Plus meurtrière qu'une guerre mondiale

L'épidémie de grippe la plus meurtrière de l'histoire est celle survenue au cours de l'année 1918 et connue sous le nom de « grippe espagnole ». Venue vraisemblablement de Chine - et non d'Espagne -, une première vague sans gravité atteint dès avril tous les pays d'Europe et d'Amérique du Nord ; la seconde vague, qui sévit d'août à décembre, est par contre meurtrière et touche tous les continents. Très contagieuse, elle s'accompagne de complications pulmonaires. En moins d'une demi-année, elle tue des millions de personnes, vingt selon les uns, le double selon d'autres : quel que soit le chiffre retenu, elle fait davantage de morts que les combats de la Première Guerre mondiale ! Paradoxalement, cette grippe espagnole a relativement peu affolé les populations européennes : en effet, alors que le nombre de cas était extrêmement élevé, la létalité était relativement faible, de l'ordre de 2 à 3 %.

« Encore trois que l'édredon et le bol de bourrache n'ont pu guérir ».
Une épidémie de grippe - ou de rhume ? - à Paris, vue par le caricaturiste Honoré Daumier (1808-1879).

En 1957, la « grippe asiatique » a fait le tour du globe et a touché près du quart de la population mondiale. À quand la prochaine pandémie ?

Page 8 — LE MONDE — Dimanche 2 - Lundi 3 novembre 1980

Le Monde **société**

MÉDECINE

Il n'existe pratiquement plus de vaccin antigrippe disponible en France

Il n'existe pratiquement plus, dans les pharmacies françaises, de vaccins antigrippaux disponibles. Le fait est d'autant plus remarquable que la demande n'augmentait plus depuis trois ans — elle avait même connu une légère régression en 1979 — et que les fabricants assurent pour leur part avoir fourni des quantités sensiblement équivalentes à celles de l'an passé. S'il reste difficile de savoir à l'heure actuelle si l'ensemble de la population dite à risque (1) est protégée contre cette affection virale, il ne semble pas que les conséquences d'une telle situation soient véritablement inquiétantes. On assiste pourtant, bien qu'aucun cas de grippe n'ait été officiellement diagnostiqué en France depuis le début de l'automne, à une augmentation certaine et non satisfaite de la demande.

Article du journal *Le Monde*, dans le numéro des dimanche 2 et lundi 3 novembre 1980 : le stock de vaccin antigrippe est pratiquement épuisé.

DES ÉPIDÉMIES DONT LES VICTIMES SONT DES ENFANTS

De quelque épidémie qu'il s'agisse, les enfants sont toujours nombreux parmi les victimes. Il est cependant des maladies qui ont été pour eux particulièrement redoutables, la diphtérie par exemple. Les vaccinations systématiques, là où elles ont été régulièrement pratiquées, ont permis de prévenir la plupart de ces maladies. L'une d'elles continue cependant d'être particulièrement redoutée : la méningite cérébrospinale épidémique.

Parmi les maladies infantiles...

Nombreuses sont les maladies contagieuses qui menacent plus spécialement les enfants. Certaines sont relativement bénignes, même si elles impressionnent les petits qui en sont atteints : c'est par exemple le cas de la varicelle dont les épidémies ravagent presque chaque année les écoles maternelles. Les boutons dont se couvre le corps de l'enfant la classent parmi les maladies éruptives, au même titre que la variole, la rougeole, la rubéole ou la scarlatine. Autant de maladies longtemps redoutées des parents de jeunes enfants, toujours présentes ici ou là.

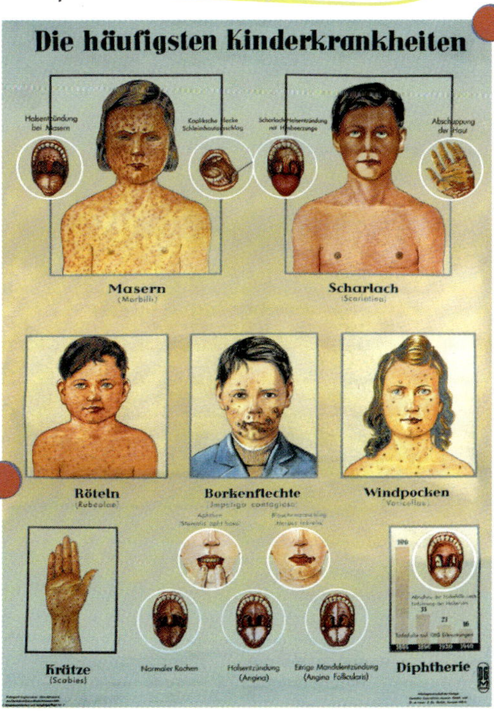

Les maladies infantiles les plus fréquentes : rougeole, scarlatine, rubéole, impetigo, varicelle, gale et diphtérie. Image allemande des années 1940. [Musée de l'École de Westphalie, Dortmund, Allemagne]

... la coqueluche

Le « chant du coq », toux caractéristique de la coqueluche, a été longtemps en France le lot de nombreux enfants, particulièrement entre deux et cinq ans, au cours des mois d'hiver. Au Moyen Âge, on parle en Angleterre de *child-cough*, « toux d'enfant ». La maladie est décrite par un médecin français, Guillaume de Baillou, au cours d'une épidémie survenue à Paris en 1578. Son caractère épidémique est établi au siècle suivant par Thomas Willis. L'identification de l'agent étiologique donne lieu au cours des vingt dernières années du XIXe siècle à une véritable chasse à la « bonne bactérie ». Après bien des péripéties, ce n'est qu'en 1952 qu'est identifiée avec certitude *Bordetella pertussis*.

Les premiers vaccins anticoquelucheux sont élaborés entre 1940 et 1943 ; les vaccinations à grande échelle débutent aux États-Unis, en Angleterre et en Suède en 1950. Introduite en France en 1959, elle est généralisée en 1966 lorsqu'est fabriqué un vaccin tétravalent associant coqueluche, diphtérie, tétanos et poliomyélite.

La coqueluche a beaucoup régressé au cours des quatre dernières décennies mais, selon l'OMS, près de 60 millions de sujets sont encore atteints chaque année, avec une létalité de 1 %.

La diphtérie

La diphtérie (du grec *diphtera*, « peau ») est une maladie redoutable qui débute par une angine et la production de pseudomembranes : leur accumulation dans le larynx peut entraîner la mort par suffocation. Connue depuis l'Antiquité, la maladie est baptisée « croup » par le médecin anglais Francis Home (1713-1813) : cette onomatopée évoque la toux rauque caractéristique de la maladie ; un mot adopté en français qui fait peur.

Il faut attendre les travaux de Pierre Fidèle Bretonneau (1778-1862) pour entrevoir les premiers soins efficaces. Bretonneau publie en 1826, à Paris, son *Traité de la diphtérie* et pratique avec succès la trachéotomie, incision de la trachée artère permettant de libérer les voies respiratoires. Le bacille diphtérique est isolé et caractérisé par Friedrich Loeffler en 1884 ; en 1889, Émile Roux et Alexandre Yersin précisent : *« La diphtérie est une intoxication causée par un poison très actif formé par le microbe. »* Cette découverte ouvre la voie de la guérison : dans la nuit de Noël 1891, Emil Behring sauve un enfant en lui inoculant l'antitoxine correspondante. Ce succès vaut à Behring le premier prix Nobel de médecine en 1901.

Un vaccin antidiphtérique est mis au point en 1924, en même temps que le BCG. Une loi du 25 juin 1938 met en place, en France, une vaccination antidiphtérique qui amorce une régression spectaculaire de la maladie. Mais le risque reste présent : on constate, dans plusieurs régions du monde, une résurgence de la diphtérie. C'est notamment le cas en Russie.

La méningite cérébrospinale

La méningite cérébrospinale épidémique n'est pas une maladie spécifiquement enfantine. Sa létalité est élevée et elle laisse souvent des séquelles neurologiques graves à ceux qui en réchappent. Elle sévit en Europe aux XVIe et XVIIe siècles, elle côtoie le typhus et la dysenterie pendant les guerres napoléoniennes. L'étude entreprise lors de l'épidémie de 1837 fait apparaître que le germe de la maladie est présent chez des porteurs sains, susceptibles de la transmettre sans tomber eux-mêmes malades. La technique de la ponction lombaire, conçue en 1890, permet de faire un grand pas dans le diagnostic de la méningite. Les prélèvements effectués sur de nombreux malades confirment la présence du méningocoque *Neisseria meningitidis*, découvert par Weichselbaum en 1887.

La plus grave épidémie du XXe siècle est celle de New York en 1904-1905. Elle fait des ravages dans les quartiers pauvres à forte densité de population ; la grande majorité des malades est constituée par des enfants de moins de dix ans. Une catastrophe est évitée à São Paulo, au Brésil, durant l'été 1974. L'institut Mérieux réussit à fabriquer sur place des millions de doses de vaccin en très peu de temps, permettant la réussite d'une gigantesque campagne de vaccination : 10 millions de personnes vaccinées en cinq jours à São Paulo, 90 millions pour tout le Brésil en neuf mois.

La découverte des sulfamides et des antibiotiques et la vaccination permettent de réduire dans des proportions importantes le nombre de décès dus à la méningite cérébrospinale.

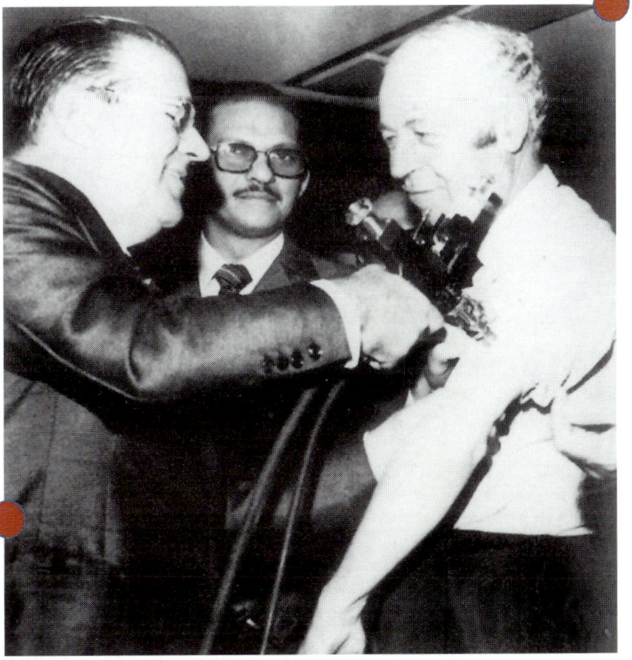

Brésil, été 1974 : Charles Mérieux se fait vacciner contre le méningocoque par Monsieur Machado, alors ministre de la Santé du Brésil.

Clermont-Ferrand (Puy-de-Dôme), 16 janvier 2002 : des élèves du lycée professionnel Ambroise-Brugière attendent d'être vaccinés contre la méningite, dans le cadre d'une vaste campagne de vaccination. Celle-ci a mobilisé 35 équipes médicales et nécessité 73 000 doses de vaccin.

Les enfants de moins de deux ans constituent le groupe le plus menacé, mais les enfants plus âgés et les adultes ne sont pas à l'abri d'une contamination. La gravité de la maladie rend le traitement du malade d'une urgence extrême et exige que de strictes précautions soient prises pour les personnes de son entourage. En cas de signalement de la maladie, les autorités sanitaires prennent toutes les mesures nécessaires : information de la population, distribution de médicaments, séances de vaccination, désinfection d'appartements ou de lieux publics...

Malgré les moyens mis en œuvre et les précautions prises, la méningite cérébrospinale épidémique reste une maladie redoutable : elle est présente partout où elle l'était déjà, mais gagne du terrain en Afrique.

VACCINATIONS OBLIGATOIRES OU RECOMMANDÉES

Les progrès de la microbiologie et de la biochimie au XXe siècle ont permis la mise au point de nombreux vaccins. Il s'en crée de nouveaux chaque année et les chercheurs placent de grands espoirs dans les possibilités offertes par le génie génétique, notamment pour la lutte contre les virus.

Dès la fin du XIXe siècle, les pays industrialisés ont mis en place des politiques de santé publique. Parmi les mesures prises le plus couramment figurent les vaccinations obligatoires. La plupart concernent les enfants, mais les personnes qui voyagent vers des pays où sévissent certaines maladies peuvent elles aussi y être soumises. Est conseillée en outre la vaccination de tout individu appartenant à un « groupe à risque » à l'égard de telle maladie.

Séance de vaccination dans une école de filles, au début du XXe siècle.

La liste des maladies pour lesquelles sont décidées des vaccinations obligatoires varie selon les risques sanitaires qu'elles représentent. En France, un calendrier vaccinal annuel est établi par un Comité technique des vaccinations (CTV), selon l'avis du Conseil supérieur d'hygiène publique de France (CSHPF). Cet organisme ne se contente pas d'établir une liste et son calendrier d'exécution, mais les accompagne de recommandations qui *« résultent de l'évolution de l'épidémiologie des maladies, de l'actualisation des connaissances sur l'efficacité et la tolérance des vaccins* [...] *et de la mise sur le marché de nouveaux vaccins. De plus, elles tiennent compte des orientations générales de l'Organisation mondiale de la santé (OMS) en matière d'élimination de certaines maladies. »* Outre des recommandations concernant telle ou telle vaccination, l'attention est portée sur les risques professionnels et sur ceux liés aux voyages.

Le calendrier vaccinal annuel est adressé à tous les personnels et organismes de santé concernés, notamment les pédiatres et les centres de PMI chargés d'organiser des séances de vaccination à destination des enfants. Le calendrier figure sur le Carnet de santé remis à la mère à la naissance de l'enfant. Il est par ailleurs consultable à tout moment sur le site Internet du ministère de la Santé.

Les vaccinations actuellement obligatoires en France ne concernent que quatre maladies : tuberculose, diphtérie, tétanos et poliomyélite. Le BCG est obligatoire dès l'instant où un enfant est amené à vivre en collectivité, ce qui est le cas dès qu'il entre en crèche ou qu'il est placé avec d'autres enfants chez une assistante maternelle. D'autres vaccinations sont recommandées dès l'âge de deux mois : coqueluche, rougeole, oreillons, rubéole, hépatite B, *Haemophilus influenzae B.*

Afin d'éviter de multiplier les interventions, on associe plusieurs vaccins en un seul produit les contenant tous : c'est par exemple le cas du ROR associant rougeole, oreillons, rubéole ou du Tétracoq permettant de faire en une seule injection les vaccins diphtérique, tétanique, coquelucheux, poliomyélitique. À ce dernier, on associe en outre un vaccin prévenant les *« infections invasives à* Haemophilus influenzae B ».

Le vieillissement de la population a amené les autorités sanitaires à rendre gratuite la vaccination contre la grippe à partir de soixante-cinq ans.

LE SIDA, MALADIE ÉMERGENTE DES ANNÉES 1980

« Certains faits concernant l'épidémie de sida, aujourd'hui dans sa troisième décennie, sont déjà du domaine de l'histoire : découverte des symptômes d'une maladie jusque-là inconnue ; identification du germe responsable ; premières étapes de sa propagation ; impact psychologique sur les malades, leurs proches et sur la société entière ; premiers succès, hélas insuffisants, de la thérapeutique. »

Pourquoi « sida » ?

C'est de manière tout à fait indirecte qu'a été découverte une maladie nouvelle dont on ne pouvait supposer qu'elle deviendrait la plus grave pandémie du monde contemporain. Dans le courant de l'année 1981, un organisme de contrôle américain constate une augmentation anormale de la consommation d'un médicament habituellement prescrit pour stimuler le système immunitaire, par exemple lors de certaines leucémies. Une enquête plus poussée fait apparaître que les nouveaux consommateurs sont des hommes jeunes, homosexuels, sans maladie connue pouvant provoquer un déficit immunitaire.

Dans l'ignorance de tout autre élément de diagnostic, on désigne par le sigle SIDA, Syndrome d'immunodéficience acquise, cette nouvelle maladie sexuellement transmissible.

En 1982, le sida atteint des hémophiles, personnes contraintes à de fréquentes transfusions sanguines ; on le trouve également chez des toxicomanes s'injectant des drogues par voie intraveineuse. Le sida est donc transmissible aussi par voie sanguine.

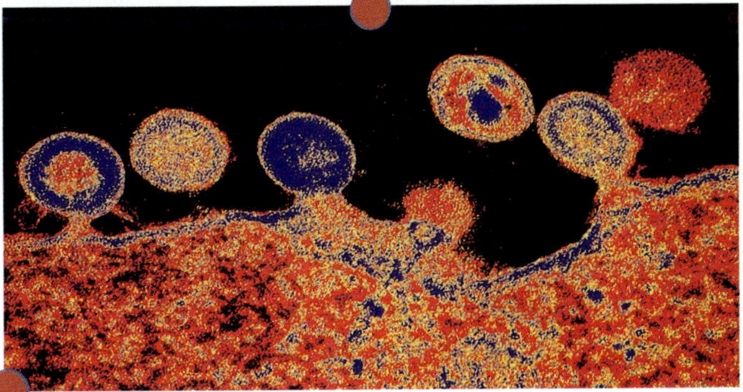

Vue en coupe du bourgeonnement du virus du sida, à la surface d'une cellule infectée. Les nouvelles copies du virus se détachent peu à peu de la membrane de la cellule. Couleurs artificielles, microscopie électronique. Grossissement : environ 150 000 fois.

Le virus du sida

Lors des transfusions, les hémophiles reçoivent des produits sanguins filtrés : le micro-organisme de la maladie est vraisemblablement un virus plus petit que les pores des filtres utilisés. Les scientifiques orientent leurs recherches vers les rétrovirus, dont certains, responsables de la leucémie, attaquent les globules blancs. Celles-ci aboutissent en 1984, année au cours de laquelle est également mis au point le premier test de dépistage. Des chercheurs de l'Institut Pasteur de Paris, sous la direction de Luc Montagnier, isolent et caractérisent le virus sous le nom *LAV*. À peu près au même moment, l'équipe américaine de Robert Gallo, au *National Institute of Health* de Bethesda (États-Unis), découvre elle aussi le virus et le désigne par *HTLV III*. En 1986, le virus est rebaptisé *HIV*, *VIH* en français : virus de l'immunodéficience humaine.

De gauche à droite, les professeurs Luc Montagnier, Jean-Claude Chermann et Françoise Barre-Sinoussi : l'équipe qui, en France, a identifié le virus du sida.

L'étude de son génome révèle la très grande variabilité du virus : en 1987, on constate que la divergence génétique entre le virus qui sévit en Europe et aux États-Unis et celui qui atteint les populations d'Afrique occidentale est très importante. On définit désormais deux types viraux principaux : *VIH-1* et *VIH-2*.

Les débuts foudroyants d'une épidémie

Les modes de transmission individuelle par voie sexuelle ou sanguine ne font pas du sida une épidémie au sens strict du mot, et pourtant, la maladie se répand à une vitesse vertigineuse. Si les pays riches trouvent rapidement les moyens d'en freiner l'évolution, ils ne réussissent pas à en maîtriser la propagation qui, dans les pays pauvres, prend des proportions alarmantes : ce sont les populations les plus fragiles d'Afrique, d'Asie et d'Amérique du Sud qui sont le plus lourdement touchées.

Les historiens s'accordent à fixer le début de l'épidémie en 1977-1978, même si, à cette date, la maladie n'est pas encore identifiée. Les cas se multiplient en quelques années : en 1987, la situation mondiale est si préoccupante que l'Assemblée générale des Nations Unies s'y intéresse.

Pourquoi une brusque accélération d'une maladie qui, jusque-là, n'avait atteint que quelques individus isolés ? Il peut y avoir à cela des causes biologiques. Un virus peu pathogène le serait-il devenu massivement à la suite d'une mutation ? Y a-t-il eu rencontre entre le virus du sida et un autre micro-organisme se multipliant comme lui en milieu cellulaire ? Le virus serait-il passé du singe à l'homme ? Les raisons peuvent être également d'ordre sociologique : urbanisation accélérée, brassage accru des populations et promiscuité croissante, changement de mœurs sexuelles, recours de plus en plus fréquent à la transfusion sanguine...

Le sida est d'autant plus meurtrier qu'il s'accompagne de maladies dites « opportunistes » : il s'agit d'infections - notamment la tuberculose - qui « profitent » de la faiblesse des défenses immunitaires du malade.

Manifestation d'homosexuels à New York en 1986.
Le texte de la banderole peut se traduire ainsi : « Ensemble contre le SIDA ».

LE SIDA, PESTE D'AUJOURD'HUI

En 2001, l'épidémie de sida est entrée dans sa troisième décennie. Elle a déjà causé des ravages considérables en Afrique subsaharienne et gagne du terrain en Asie et en Europe de l'Est. Dans ces régions, le sida est sans nul doute l'élément central d'une situation catastrophique : conséquences démographiques immédiates et à venir, désorganisation socio-économique.

Lutte inégale contre l'épidémie

Dès les premières années de l'épidémie, les pays riches ont mis en place des moyens d'information et de prévention : campagnes incitant à l'usage du préservatif, distribution gratuite de seringues aux toxicomanes, dépistage systématique au sein des groupes à risque, contrôle accru des dons de sang, etc. En un premier temps, on a recherché parmi les médicaments antiviraux disponibles ceux qui étaient susceptibles de bloquer la multiplication virale. Mais il a fallu tenir compte des variations génétiques du virus : on a dès lors associé plusieurs antiviraux. Ainsi, la trithérapie a réussi, non à guérir du sida, du moins à en bloquer l'évolution.

Mais ces traitements coûtent cher et ne sont pas accessibles aux populations déshéritées des pays dits du Sud : dans plus de 95 % des cas, les malades n'ont pas les moyens de suivre le moindre traitement. L'invention, la fabrication et la commercialisation de médicaments sont entre les mains de grandes sociétés multinationales protégées par une législation qui garantit leurs droits d'exclusivité et leurs bénéfices. Selon les acteurs institutionnels et associatifs de la lutte contre le sida, *« certains médicaments et traitements devraient être déclarés patrimoine de l'humanité, et soustraits au système commercial, au principe des brevets et à la rentabilité »*.

Le massacre de populations entières

Selon l'ONUSIDA, depuis le début de l'épidémie, 20 millions de personnes sont mortes du sida : la maladie a fait davantage de morts que toutes les guerres depuis 1914. Pour la seule année 2002, elle a tué plus de 3 millions de personnes et on évalue à 42 millions le nombre de personnes infectées par le virus. Les femmes représentent la moitié des adultes touchés.

Alors que l'épidémie est stabilisée dans les pays développés, la situation est de plus en plus catastrophique à l'échelle mondiale. Elle est hors de contrôle dans plusieurs pays d'Afrique et risque de le devenir en Asie et en Europe de l'Est. À elle seule, l'Afrique subsaharienne compte 29,4 millions de séropositifs, soit 70 % du total mondial. On prévoit qu'en l'absence d'une prévention et d'un traitement de masse, 55 millions d'Africains mourront prématurément du sida d'ici à 2020.

Les prévisions concernant l'Asie sont tout aussi pessimistes. L'ONUSIDA estime que *« les chances de maîtriser l'épidémie de VIH en Asie s'amenuisent rapidement »*. Vingt pour cent des nouvelles contaminations au cours de l'année 2002 ont eu lieu en Asie. Quant à l'Europe de l'Est, elle est devenue une zone particulièrement vulnérable, notamment du fait de la rapide augmentation de la consommation de drogues injectables.

Enfant atteint du sida, Ouganda.

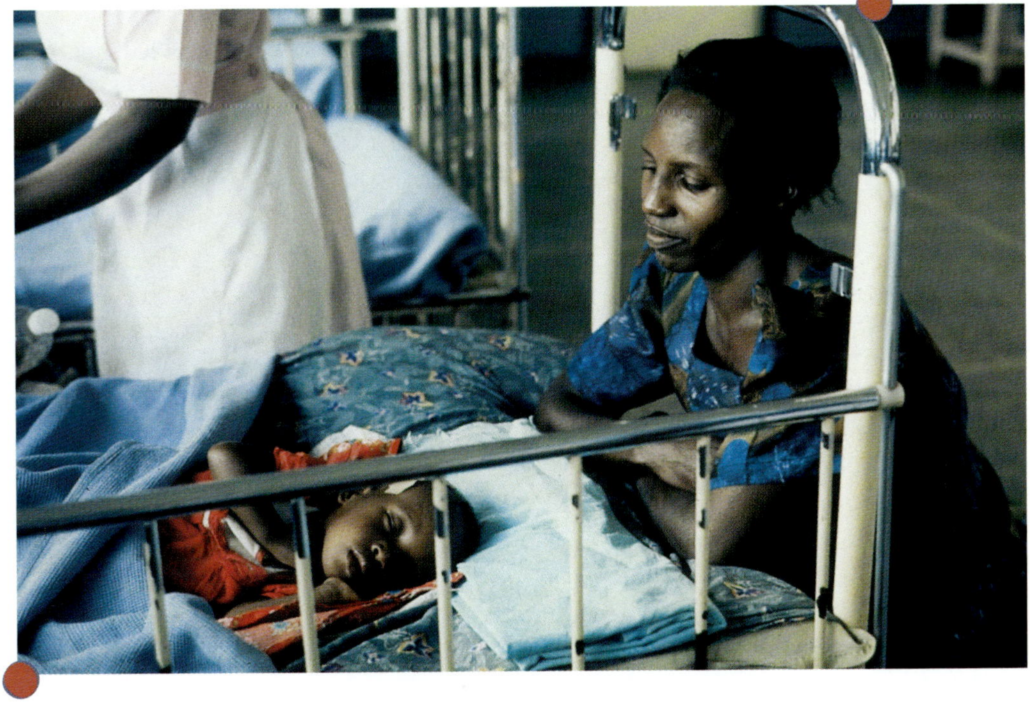

Des conséquences catastrophiques

Selon Karen Stanecki, auteur d'un rapport publié à l'occasion de la XIVe conférence internationale sur le sida qui s'est tenue à Barcelone en juillet 2002, « *la pandémie de sida change dramatiquement la situation démographique dans les pays africains* ». L'espérance de vie y est tombée à 47 ans en moyenne, alors qu'elle serait de 62 ans sans le sida ; elle est inférieure à 40 ans dans sept pays d'Afrique subsaharienne. Cinq de ces pays vont voir leur population diminuer, le nombre de naissances devenant inférieur à celui des décès.

La mort de jeunes adultes, dont une forte proportion de femmes, désorganise, voire anéantit, des familles entières. De nombreux orphelins grandissent hors de tout environnement familial, sans recours à quelque structure d'accueil que ce soit. La main-d'œuvre fait cruellement défaut dans certains secteurs d'activité, notamment dans l'agriculture. Lorsque le sida se combine avec des facteurs climatiques comme la sécheresse ou les inondations, on assiste à une baisse catastrophique de la production et à la famine. Le rapport de l'ONUSIDA de novembre 2002 indique que, dans vingt-cinq pays africains, 7 millions d'agriculteurs sont morts du sida depuis 1985.

L'épidémie de sida dans le monde à la fin de l'année 2002 : le taux de létalité est de l'ordre de 7,4 %.

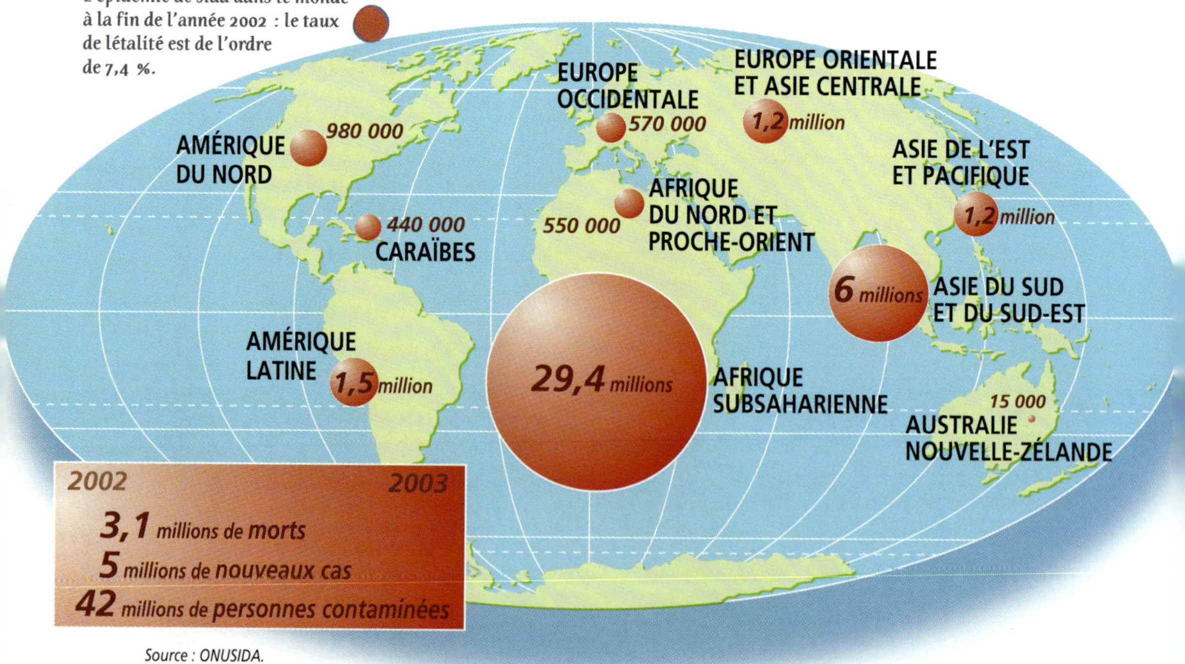

Source : ONUSIDA.

Des moyens pour combattre

Voici ce que déclarait Kofi Annan, secrétaire général de l'ONU, à l'occasion de la publication du rapport annuel de l'ONUSIDA en novembre 2000 : « *La lutte contre le sida est la question la plus importante qui soit, à l'heure du passage au troisième millénaire* » et il concluait ainsi : « *Le sida nous impose d'accueillir à bras ouverts ceux qui vivent avec lui et de leur apporter le soutien de notre solidarité*. » Constat lucide et intention généreuse s'il en est, encore faut-il que des moyens suffisants soient mis à la disposition de la Communauté internationale et des pays concernés.

Le rapport de l'ONUSIDA 2002 démontre, par quelques informations encourageantes, qu'« *il est largement prouvé que l'épidémie de sida cède, dans certains cas de manière significative, devant des interventions humaines déterminées* ». Des données émanant de l'Afrique du Sud et de l'Éthiopie montrent que les campagnes de sensibilisation et de prévention lancées au cours des dernières années commencent à porter leurs fruits : par exemple, le nombre de femmes enceintes de moins de vingt ans qui sont séropositives baisse dans des proportions appréciables. De même, les taux d'infection à VIH se stabilisent au Cambodge et il semble que l'épidémie pourrait cesser sa progression en République Dominicaine.

Les besoins financiers sont énormes. L'ONUSIDA évalue à 10,5 milliards de dollars de 2003 à 2005 les fonds nécessaires à la mise sur pied de programmes de prévention et de prise en charge dans les pays à faibles et moyens revenus. Ces besoins de financement augmenteront pour atteindre d'ici 2007 15 milliards de dollars par an et ce niveau devrait se maintenir pendant au moins une décennie. Évaluer des besoins est une chose, ouvrir les lignes de crédit correspondantes en est une autre : c'est pour exiger que les déclarations généreuses ne restent pas des vœux pieux que les militants antisida tentent d'exercer par leurs actions et leurs manifestations une pression constante sur les instances politiques.

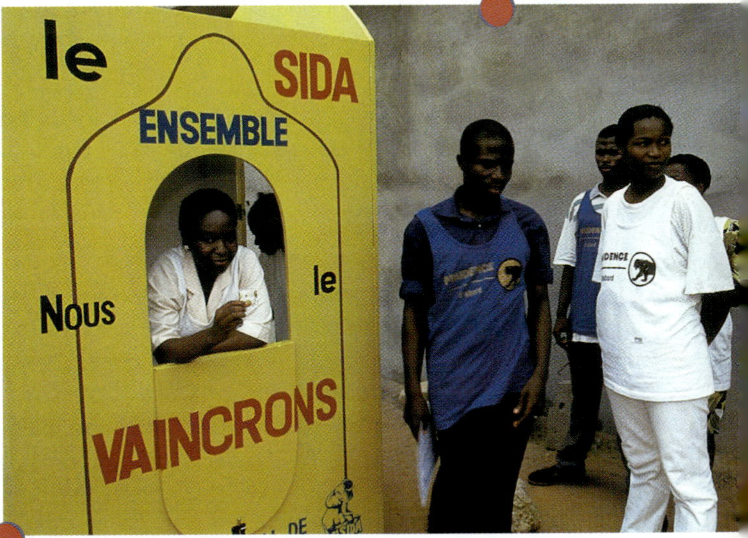

Action de prévention et de lutte contre le sida en Côte d'Ivoire.

DES MALADIES COMME ARMES

Il est hasardeux d'affirmer que le premier acte de guerre biologique remonte à 1346, date à laquelle les assiégeants de Caffa auraient catapulté par-dessus les remparts de la cité des cadavres de pestiférés *(voir page 18)*. **Même si l'épisode est légendaire, l'acte lui-même est vraisemblable, là ou ailleurs. Depuis, l'imagination humaine a été féconde.**

Au Moyen Âge, le caractère contagieux de maladies comme la peste était sinon expliqué, du moins connu. Il semble que la pratique consistant à jeter délibérément des cadavres dans des puits pour en contaminer l'eau ait existé.

Entre 1754 et 1767, lorsque Français et Anglais s'affrontent pour la possession des colonies d'Amérique, les tribus indiennes sont punies de leur alliance avec les Français : des officiers anglais leur offrent des couvertures qui ont enveloppé le corps de malades atteints de la variole. Des épidémies se déclarent au sein de tribus de l'Ohio qui sont décimées à 50 %. Acte génocidaire, comme le prouve une lettre d'un officier anglais qui déclare qu'il faut *« user de n'importe quelles méthodes pour* [se] *débarrasser de cette race exécrable ».*

En 1797, Bonaparte fait inonder la plaine du Pô autour de Mantoue pour tenter de provoquer une épidémie de paludisme chez les Italiens assiégés.

Les belligérants de 1914-1918 innovent en usant de gaz de combats, première arme chimique issue d'une industrie en pleine expansion. En toute logique, l'idée d'utiliser des armes biologiques se fait jour : les Allemands s'y essaient en tentant de provoquer une épizootie de morve, maladie très contagieuse chez les chevaux de cavalerie.

Devant cette menace croissante, la Société des Nations signe en 1925 un protocole interdisant armes chimiques et biologiques. Cela n'empêche pas la France de lancer un programme secret de recherche : une bombe diffusant entre autres des bacilles de charbon et de peste est testée dans le Morbihan en 1926. Au cours de la décennie suivante, la Grande-Bretagne expérimente sa *N-bomb* sur l'île écossaise de Gruinard qui restera contaminée par le charbon jusqu'au début des années 1990.

Pendant la Seconde Guerre mondiale, les Japonais pratiquent des expérimentations de masse en Mandchourie, utilisant les prisonniers comme cobayes humains. Il est probable que l'armée soviétique ait utilisé une maladie infectieuse, la tularémie, contre l'armée allemande à la veille de la bataille de Stalingrad en 1942.

Dans le contexte de la guerre froide, États-Unis et URSS mènent, avec de puissants moyens scientifiques et industriels, des programmes de recherche. Le programme américain est interrompu par le président Nixon en 1969 ; après la chute du régime soviétique, le complexe russe de production d'armes chimiques est officiellement démantelé, mais la visite de nombreuses installations reste interdite.

La menace terroriste remet à l'ordre du jour la crainte d'attaques biologiques au cours des premières années du XXIe siècle. Des soupçons pèsent sur une bonne dizaine d'États non démocratiques.

Enveloppe contaminée par le charbon adressée au sénateur américain Daschle en octobre 2001. Les autorités des États-Unis et la presse américaine se sont interrogées : terrorisme ou acte de malveillance ?

L'île de Gruinard, au nord-ouest de l'Écosse, où le gouvernement britannique a fait expérimenter des armes bactériologiques au cours de la Seconde Guerre mondiale.

DES ÉPIDÉMIES VAINCUES ?

Une confiance excessive à l'égard de la science a laissé penser que les grandes épidémies qui avaient ravagé la planète tout au long de l'histoire humaine étaient définitivement vaincues. C'était oublier qu'*« un seul foyer dans le monde expose, potentiellement, chaque pays et chaque personne »*. La « réémergence » de la plupart des maladies transmissibles inquiète au plus haut point les autorités sanitaires du monde entier.

Une injustice majeure

La seconde moitié du XIXe et le XXe siècle ont été marqués par des progrès considérables dans la connaissance scientifique des maladies, dans l'élaboration de méthodes visant à les prévenir et de traitements pour les guérir. Mais les énormes moyens aujourd'hui disponibles dans les pays riches restent inaccessibles à la plus large part de la population mondiale.

Les conditions de précarité qui restent le lot d'un très grand nombre de groupes humains font de bien des lieux de la planète des réservoirs d'agents infectieux et des foyers d'éventuelles épidémies. Leur diffusion peut être très rapide du fait de la densité des réseaux de communication, de l'importance numérique et de la rapidité des échanges humains.

L'apparition brutale d'une épidémie nouvelle à la fin de 2002 et sa rapide propagation au cours des premiers mois de 2003 sont la preuve que nul n'est à l'abri d'un risque sanitaire majeur de nature épidémique.

Bombay, Inde, en 2000 : ici comme en bien des points du globe, enfants et adultes vivent et travaillent dans des conditions de misère et d'insalubrité favorisant la propagation des épidémies.

Peste, lèpre, syphilis...

La période qui suit la décolonisation (après 1960) est marquée par une désorganisation temporaire des services de santé des pays désormais indépendants. Celle-ci coïncide avec l'intensification du trafic aérien international. On assiste dès lors à une reprise de certaines maladies.

La peste, qui a connu son plus bas niveau en 1962 avec 700 cas recensés dans le monde, se manifeste de nouveau en 1966 avec plus de 3 000 cas pour le seul Viêt-Nam. Le nombre annuel de cas est actuellement de l'ordre d'un millier ; les acteurs nécessaires à la réapparition de la peste sont présents partout : les rats, les puces et l'homme.

En 1998, l'OMS évaluait à 1,2 million le nombre de lépreux dans le monde ; en 2000, elle signalait 700 000 nouveaux cas de lèpre, dont 10 % concernant des enfants de moins de quinze ans. Dans vingt-quatre pays, le nombre de cas dépistés reste supérieur à 1 pour 10 000 habitants, taux maximum considéré comme tolérable par l'Assemblée mondiale de la santé en 1991.

On assiste depuis une dizaine d'années à une reprise de la syphilis. En 1996, une épidémie sévit à New York chez les homosexuels et les toxicomanes ; elle reprend en 1999. En 2002, en France, l'Institut de veille sanitaire recense une centaine de nouveaux cas et la situation est comparable dans d'autres pays d'Europe.

... et tant d'autres

En 1979, l'OMS proclame l'éradication totale de la variole mais, à tout hasard, constitue une réserve de vaccins. En 1987, on dénombre encore 80 000 cas. Le choléra continue à sévir de manière endémique dans plus de vingt pays d'Asie : 200 000 à 500 000 personnes sont touchées chaque année et 10 000 en meurent. Le paludisme a repris du terrain au point d'être redevenu un des fléaux les plus meurtriers : il menace 40 % de la population mondiale ; plus de 50 % de la population africaine est atteinte.

L'énumération de maladies « réémergentes » peut se poursuivre avec les maladies qui atteignent plus spécialement les enfants : la diphtérie qui sévit dans les pays de l'ex-URSS ; la fièvre typhoïde dont on recense 33 millions de cas et qui survient dans tous les pays à bas niveau socio-économique ; la coqueluche qui regagne du terrain en Europe, dans les pays ayant cessé de pratiquer la vaccination généralisée. La méningite cérébrospinale a progressé d'Asie vers l'ouest, faisant notamment des ravages chez les pèlerins musulmans de La Mecque.

Les guerres et les catastrophes climatiques compromettant les conditions de subsistance favorisent les retours offensifs de toutes ces maladies qui, décidément, n'appartiennent pas au passé.

Le retour de la tuberculose

Dans les années 1970, on considérait que la tuberculose aurait disparu des pays occidentaux avant l'an 2000. Il n'en est rien : aux États-Unis, la progression de la maladie est de l'ordre de 16 à 18 % par an depuis 1985. Dans un cas sur quatre, la souche bactérienne est polyrésistante aux médicaments antituberculeux et la mortalité est proche de 10 %. La France connaît une évolution moins rapide mais l'augmentation du nombre des personnes vivant dans des conditions précaires fait craindre un retour plus massif du fléau.

La situation est beaucoup plus catastrophique dans les pays en développement avec 95 % des infections tuberculeuses de la planète. Dès 1993, le nombre d'infections mixtes tuberculose-sida atteint 5 millions de personnes dont les trois quarts en Afrique subsaharienne. Leur progression suit celle du sida : l'incidence de la tuberculose chez les patients infectés par le sida est 300 fois plus forte que dans le reste de la population. Après l'Afrique, l'infection mixte gagne l'Asie du Sud-Est et l'Europe orientale. Mais elle guette toutes les catégories de population qui n'ont pas un accès suffisant aux services de soins : c'est le cas en France au sein de la population marginalisée (toxicomanes, quart monde, immigrés clandestins) ; la situation est particulièrement préoccupante en région parisienne.

Qui oserait dire que vaincre les épidémies est aujourd'hui possible ?

L'OMS

Pendant l'entre-deux-guerres, la Société des Nations (SDN) avait créé un Comité d'hygiène chargé de coordonner l'action sanitaire entre tous les pays, tandis que l'Office international d'hygiène publique (OIHP), créé dès 1907, poursuivait son action pour tenter de lutter contre trois maladies transmissibles : choléra, peste et fièvre jaune. En fait, ces organismes n'agissaient qu'auprès d'un nombre restreint d'États.

En 1946 est créée l'Organisation mondiale de la santé (OMS). Dès sa fondation, elle regroupe 181 États. En 1951, elle promulgue un règlement sanitaire international qui remplace les conventions antérieures et coordonne les actions contre les six maladies « quarantenaires et pestilentielles » (peste, choléra, fièvre jaune, typhus, fièvre récurrente, variole).

L'OMS organise un réseau de surveillance qui permet de tenir à jour quotidiennement la « carte sanitaire internationale » et de mettre en œuvre, dans les meilleurs délais, des mesures de protection.

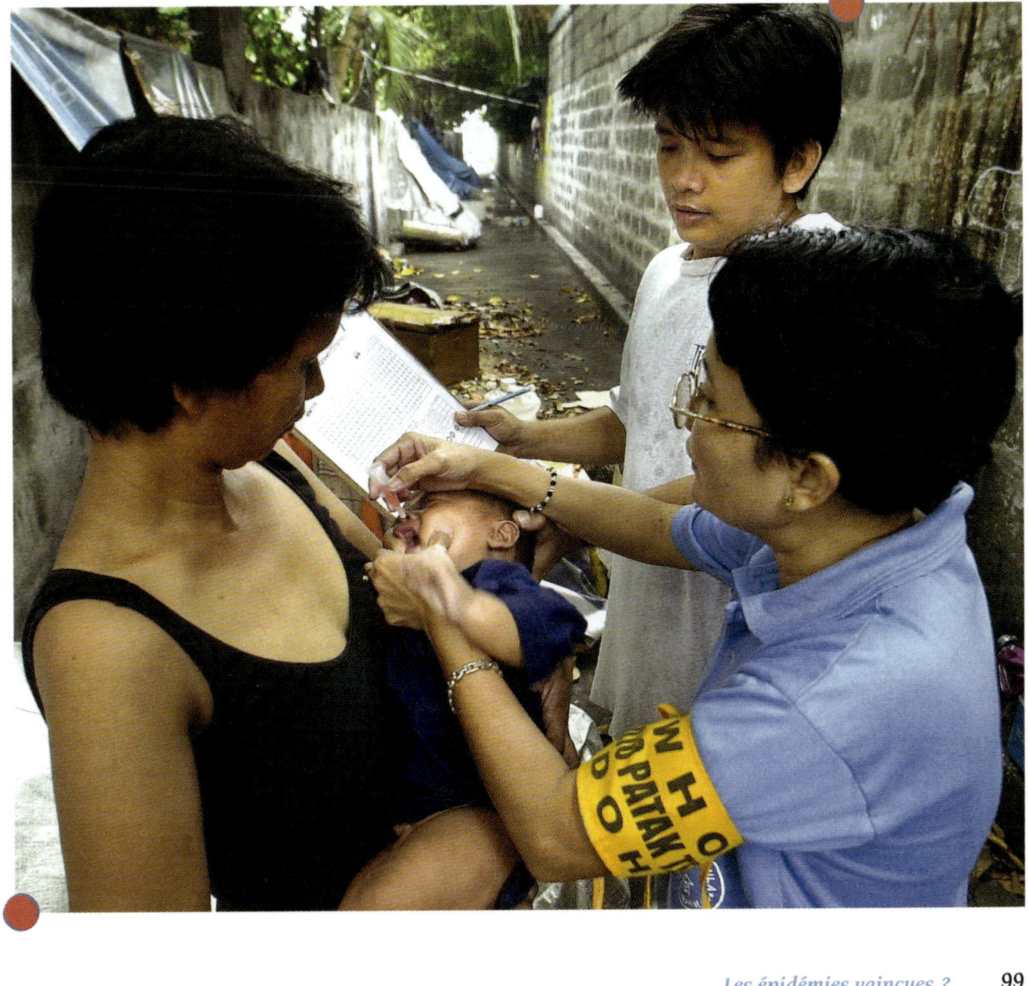

Campagne de vaccination contre la poliomyélite organisée par l'OMS à Manille (Philippines), en mars 2002. L'infirmière administre le vaccin par voie buccale à un bébé.

Agent infectieux : organisme vivant pathogène, c'est-à-dire susceptible de provoquer une maladie (le mot *pathogène* est formé à partir de deux racines grecques : *pathos,* « mal » et *gene,* « produire »). Les agents pathogènes peuvent être des virus, des bactéries, des champi-gnons, des protozoaires et certains organismes pluricellulaires.

Antibiotique : substance chimique produite par des micro-organismes (le plus souvent des champignons microscopiques) capable de détruire d'autres micro-organismes ou de les empêcher de se développer.

Antitoxine : substance biochimique (anticorps) élaborée par l'organisme pour se défendre contre la présence d'une toxine bactérienne ou d'un poison. *Voir « toxine ».*

Bacille : bactérie en forme de bâtonnet.

BCG : bacille de Calmette et Guérin, vaccin antituberculeux.

Contagion : transmission d'une maladie d'un individu à un autre. *Voir « maladie transmissible ».*

Désinfection : destruction d'agents pathogènes par des moyens physiques et chimiques. Pour éviter la contagion *(voir ce mot),* on désinfecte les locaux et les objets situés dans l'environnement d'un malade ; les personnes qui le côtoient (famille et personnel soignant) désinfectent la surface de leur corps et tout spécialement leurs mains.

Endémie : maladie qui sévit de manière permanente dans une zone géographique limitée et frappe une part importante de sa population.

Épidémie : le mot *épidémie* est d'origine grecque : *epidêmos* signifie « qui circule dans le pays ». *Epidemia,* mot latin du jargon médical, est utilisé au Moyen Âge et le mot se francise dès le XIIe siècle. On parle d'épidémie lorsqu'un nombre important de cas d'une maladie infectieuse transmissible apparaissent en un temps restreint au sein d'une collectivité humaine.

Épidémiologie : étude des maladies à caractère épidémique. Au cours des deux derniers siècles, l'épidémiologie est devenue une branche de la médecine. Elle a pour objet la recherche des différents facteurs qui interviennent dans l'apparition d'une maladie et dans sa propagation : mode de vie d'une population et échanges avec d'autres groupes humains, particularités des individus atteints ou susceptibles de l'être. Au-delà de l'explication du phénomène, le but est de trouver les moyens de limiter l'épidémie et de, si possible, l'éradiquer.

Fléau : calamité qui s'abat sur un peuple et qui est interprétée comme une manifestation de la colère divine. Le mot est dans ce cas employé de manière métaphorique : dans son sens premier, le fléau est un instrument qui sert à battre les céréales pour en extraire les grains.

Germe : micro-organisme susceptible de provoquer une maladie. *Voir « agent pathogène ».*

Hygiène : ensemble des moyens mis en œuvre pour préserver la santé. La désinfection *(voir ce mot)* est un des moyens les plus efficaces pour éviter la contagion *(voir ce mot).*

Immunité : capacité de l'organisme humain de résister et de se défendre avec succès contre l'infection ou la maladie.

Létalité : risque de mortalité, évalué en pourcentage du nombre de malades. Les épidémies dont la létalité a été élevée sont celles qui ont laissé des traces dans l'histoire : elles ont entraîné la mort d'une proportion importante d'une population.

Maladie contagieuse : maladie qui se transmet par contagion *(voir ce mot).*

Maladie infectieuse : maladie provoquée par un agent pathogène *(voir cette expression).*

Maladie transmissible : maladie qui passe d'un individu à l'autre. La transmission peut être directe, par exemple par voie respiratoire, ou indirecte, par l'intermédiaire d'un vecteur, le plus souvent un animal vivant dans le proche environnement de l'homme : animal domestique mais aussi petit mammifère sauvage comme la souris ou le rat, insecte comme la puce ou le moustique.

Miasme : émanation provenant de la putréfaction de déchets ou d'eaux croupies. Avant la découverte des microbes, les miasmes étaient considérés comme responsables de maladies à caractère épidémique.

Microbe : organisme unicellulaire invisible à l'œil nu. Formé à partir du grec *mikros,* « petit » et *bios,* « vie », le mot est apparu en 1878, désignant alors des êtres vivants dont « la vie est courte ». Dans le langage courant, le mot désigne les micro-organismes pathogènes, c'est-à-dire susceptibles de provoquer une maladie. *Voir « micro-organisme ».*

Microbiologie : étude des micro-organismes *(voir ci-après).* Cette branche de la biologie comprend la virologie (étude des virus), la bactériologie (étude des bactéries), la mycologie (étude des champignons inférieurs) et la parasitologie (étude des parasites uni- ou pluricellulaires).

Micro-organisme : organisme vivant visible seulement au microscope (optique pour les plus gros, électronique pour les plus petits). *Voir « microbe ».*

Mortalité : nombre de décès au sein d'une population, pendant une durée déterminée. En cas de mortalité due à une épidémie, on parle de *létalité (voir ce mot).*

OMS : Organisation mondiale de la santé.

Pandémie : maladie qui se répand dans un vaste ensemble de régions, pouvant s'étendre à tout un continent, voire à plusieurs.

Porteur sain : personne hébergeant dans son organisme un agent pathogène *(voir cette expression)* mais qui ne développe pas la maladie. Bien que non malade, le porteur sain peut contaminer les personnes qu'il fréquente : c'est par exemple le cas pour la méningite cérébrospinale.

Propagation : dissémination d'une épidémie

Quarantaine : isolement de malades ou de gens susceptibles de l'être risquant de contaminer les personnes saines ; sa durée théorique est de quarante jours. Ce type de mesure, prise pour limiter la propagation d'une épidémie, peut s'appliquer par exemple à des voyageurs en provenance de zones contaminées.

Santé publique : ensemble des mesures prises par un État pour préserver la santé des personnes et notamment prévenir la propagation des maladies contagieuses. Des organismes spécialisés agissent dans divers domaines comme l'hygiène, le dépistage et le traitement préventif des maladies, par exemple l'organisation de séances de vaccination. Ces mesures peuvent être aussi d'ordre social : vérification de la salubrité des logements, conseils aux jeunes mères, assistance médicale gratuite, etc.

Sida : syndrome d'immunodéficience acquise. En anglais, *AIDS.*

Sulfamides : famille de médicaments dérivant du sulfate d'ammonium anhydre utilisés dans le traitement de nombreuses maladies infectieuses.

Toxine : substance biochimique toxique (poison) fabriquée par un organisme vivant, notamment par un micro-organisme pathogène.

Vaccination : action d'inoculer à un individu un vaccin, c'est-à-dire une culture microbienne ou une toxine à virulence atténuée pour l'immuniser contre une maladie infectieuse.

VIH : virus de l'immunodéficience humaine, virus responsable du sida ; en anglais *HIV.*

Virus : micro-organisme de très petite taille, formé d'un noyau d'acides nucléiques généralement enfermés dans une enveloppe protéique, capable d'infecter un organisme vivant. Un virus dépend totalement de son hôte pour se développer.

Index

Agent infectieux : 6, 30, 33, 40, 41, 62, 64 à 68, 71, 96

Antibactérien : 76

Antibiotique : 66, 68, 76, 83

Antiviral : 66, 90

Bacille : 21, 40, 41, 54, 63 à 65, 70, 75, 76, 78, 82, 94, 100

Bactérie : 30, 37, 40, 41, 43, 47, 54, 61 à 63, 65, 66, 70, 76, 79, 82, 100, 101

BCG : 73, 75 à 77, 82, 86, 100

Brucellose : 6, 54

Choléra : 46, 47, 49, 62, 64, 97, 99

Contagieux, contagion : 12, 13, 16, 21, 24, 25, 27, 29, 33, 46, 48, 62, 69, 70, 80, 81, 94, 100, 101

Contamination, contaminer : 16, 18 à 20, 24, 30, 40, 41, 43, 45, 47, 50, 51, 54, 76, 84, 91, 94, 95, 101

Coqueluche : 82, 86, 97

Dépistage, dépister : 88, 90, 97, 101

Dératisation : 40

Désinfecter, désinfection : 37, 71, 74, 84, 100

Diagnostic : 75, 78, 83, 87

Diphtérie : 14, 81 à 83, 86, 97

Dissémination : 36, 101

Dysenterie : 10, 14, 36, 42 à 45, 79, 83

Endémie, endémique : 2, 13, 14, 30, 46, 50, 54 à 56, 75, 97

Épidémiologie, épidémiologique : 41, 86, 100

Fièvre : 6, 10, 33 à 35, 50 à 56, 64, 69, 97, 99

Fléau : 4, 5, 9, 10, 12, 16, 19, 20, 23, 36, 37, 40, 46, 55, 66, 69, 72, 97, 98, 100

Foyer : 6, 41, 78, 96

Génétique : 65, 66, 68, 79, 85, 88, 90

Germe : 18, 30, 43, 47, 49, 61, 69, 79, 83, 87, 100

Grippe : 33, 68, 79, 80, 86

Hépatite : 67, 86

Hygiène : 6, 21, 34, 36, 37, 40, 43, 44, 48, 73, 74, 86, 99, 100, 101

Immunité : 33, 57, 60, 100

Infecter, infectieux, infection : 6, 24, 30, 33, 54, 62, 65, 66, 68, 71, 76, 78, 86, 89, 93, 96, 98, 100, 101

Insalubre, insalubrité : 39, 50, 72, 96

Lèpre, lépreux : 24 à 27, 30, 97

Létalité : 80, 82, 83, 92, 100, 101

Méningite cérébrospinale : 14, 81, 83, 84, 97, 101

Miasme : 13, 101

Microbe : 61, 62, 101

Microbiologie : 54, 63, 65, 85, 101

Micro-organisme : 61, 62, 65, 76, 88, 89, 100, 101

Mortalité : 5, 9, 11, 19, 34, 72, 76, 98, 100, 101

Moustique : 33, 50 à 52, 56, 66, 101

OMS : 4, 82, 86, 97, 99, 101

Oreillons : 86

Paludisme : 10, 33, 42, 43, 50, 51, 56, 64, 66 à 68, 94, 97

Index

Pandémie : 2, 15, 18, 39, 40, 46, 47, 49, 80, 87, 92, 101

Peste : 4, 5, 7 à 13, 15 à 24, 34, 38 à 44, 65, 69, 90, 94, 97, 99

Peur : 4, 23, 24, 42, 49, 69, 82

Poliomyélite : 82, 86, 99

Porteur sain : 43, 65, 83, 101

Pou : 37

Prévenir, prévention : 74, 81, 90, 91, 93, 96, 101

Propagation, propager : 15, 20 à 22, 33, 40, 41, 44, 45, 51, 54, 66, 69, 79, 87, 88, 96, 100, 101

Puce : 21, 22, 40, 41, 97, 101

Quarantaine : 5, 37, 39, 40, 78, 101

Rat : 21, 22, 40, 41, 97, 101

Rhume : 33, 79, 80

Rougeole : 10, 33, 81, 86

Rubéole : 81, 86

Salmonellose : 54

Sanatorium : 73, 74, 78

Sang, sanguin : 51, 56, 60, 87 à 90

Santé publique : 85, 101

Scarlatine : 10, 81

Sida : 4, 67, 68, 87 à 93, 98, 101

Souche : 62, 79, 98

SRAS : 4, 5

Symptôme : 10, 14, 22, 23, 25, 34, 56, 65, 69, 71, 87

Syphilis : 28 à 31, 33, 69, 97

Thérapeutique : 87

Toxine : 100, 101

Transmissible (maladie), transmission : 2, 6, 28, 37, 43, 60, 70, 87, 88, 96, 99, 100

Tuberculose : 63, 69 à 73, 75, 76, 78, 86, 89, 98

Typhoïde : 54, 55, 64, 97

Typhus : 10, 33 à 37, 42, 83, 99

Vaccin, vaccination, vacciner : 37, 47, 49, 51, 54, 55, 57 à 60, 62, 67, 68, 75 à 77, 79 à 86, 97, 99, 100, 101

Varicelle : 81

Variole : 10, 12, 33, 42, 57, 58, 60, 81, 94, 97, 99

Virus : 33, 56, 58, 62, 65, 67, 68, 79, 85, 87 à 91, 100, 101

QUELQUES OUVRAGES

pour se documenter et réfléchir

De nombreux articles de la revue *L'Histoire*, et notamment le numéro spécial n° 74 de 1984, *"Les maladies ont une histoire"*.

Des bactéries et des hommes. Histoire des grandes maladies infectieuses et de leur diagnostic
Willy Hansen, Jean Freney.
Éditions Privat - 2002.

Les Épidémies terrassées. Une histoire de pays riches
Patrice Bourdelais.
Éditions La Martinière - 2003.

Histoire de... La Médecine
André Delobbe.
Collection Périscope, Éditions PEMF - 1990.

La Peste à Marseille en 1720
Maurice André.
BT n° 945, CEL - 1983.

En couverture :

La Peste à Marseille en 1
Michel Serre, témoin di

En haut :
Le Docteur Schnabel, médecin des pestiférés.
Gravure allemande du XVII

Crédits iconographiques

Institut Pasteur/DR : p.3, 40 *(haut)* - AFF /Romeo Gacad : p.99 - Maison du Patri 23, 32, 58, 67, 81 ; /Erich Lessing : p.7 - Artep S.E.F./DR : p.11 - Cliché Zbinden/DR : p.12 - Ziolo/DR : p.14 G. Dagli Orti : p.15, 37, 38 - Bibliothèque royale de Bruxelles (Belgique) : p. Seuil/DR : p.20 - Bibliothèque nationale de France, Paris : p.22, 25 - Fondation Raou - Musée de l'Homme/DR : p.28 - Rue des Archives/DR : p.29 - APHP/Sipa-Press : p.31 - Jean Charmet/DR : p.35, 42, 53, 63, 80 *(haut)* - Magnum/Henri Cartier-Bresson : p.41 - Archives départementales d'Ille-et-Vilaine/DR : p.44 - Roger-Viollet : p.61 ; /Collection Viollet : p.45, 62, 85 ; /Boyer-Viollet : p.52, 54, 73 ; /Harlingue-Viollet : p.55, 60 *(bas)*, 64, 71 *(bas)*; /Cap-Viollet : p.74 - Collection Kharbine-Tapabor : p.48, 51 - Association Émile Brumpt/DR : p.56 - Eurélios/JJP : p.65 ; /L. Médard : p.68 - Bridgeman-Giraudon/DR : p.70 - Explorer/Mary Evans/Picture Library : p.72 - Georges Delobbe : p.78 - Spehner/Joubert : p.87 - Gamma-Liaison/Chiasson : p.89 ; /A. Duclos/Commission for Population and Quality of Life : p.93 - Jean-Charles Rey : p.96 - DR : p.13, 17, 26, 40 *(bas)*, 47, 71 *(haut)*, 75, 77, 80 *(bas)*, 83, 91, 95 *(haut et bas)*.

Recherche iconographique : Christiane FRANCHETTI.

Secrétariat de rédaction et corrections : Karine DELOBBE.

Suivi éditorial : Jean-Louis LIENNARD.

Cartographie, infographie : PEMF.

Maquette : PEMF.

Maquette de la couverture : Studio Mango - PEMF.

Imprimé en France par : Imprimerie Moderne de l'Est (Baume-les-Dames, Doubs).

Dépôt légal : Septembre 2003

N° Éditeur : 2003/10143